333銷售心法

無往不利的銷售心法，
業務人員不可不知的成功關鍵！

李品睿（韋昌）著

推薦序

走在時代的前端：「顧客需求」的行銷哲學

東吳大學商學院長

邱永和

這是一個資訊爆炸，行銷充滿競爭的年代。面對琳瑯滿目的產品、相同或相似的價格，消費者充滿選擇機會，願意拿金錢交換商品與服務的動機，已與從前不同，行銷定義與消費模式也有所演變。「美國市場營銷協會」（AMA，American Marketing Association）在一九五〇年將行銷定義為「將生產者的物品與服務帶給消費者或使用者的商業活動」；然而隨著時代演進，到了二〇〇四年，將行銷重新定義為「行銷是創造、溝通與傳送價值給客戶，及經營顧客關係以便讓組織與其利益關係人受益的一種組織功能與程序」。換言之，行銷已不再是單純的「產品與價格」，並非「東西不錯就可以賣出去」，而是「價值」的創造與交換，以及顧客關係的經營。

正如泰國某壽險公司將業務員擬化為「蟑螂」的廣告，社會大眾對壽險業務員充滿了負面刻版印象。不同於直銷，壽險更牽扯到「生、老、病、死、傷、殘」的敏感生命議題，在此之下，壽險的行銷便格外困難。然而在本書中，我看見一位走在時代前端、成功行銷管理者的實踐者魅力。

在本書的觀念建立篇中，韋昌沒有花俏的技巧包裝、不訴說複雜的統計數字，利用同理心來和客戶進行溝通，用心經營每段顧客關係，找出客戶的知覺價值與需求。不同於傳統市場理念的「生產導向」（production orientation）或「銷售導向」（sales orientation），韋昌的著作，正是符合時代潮流的「行銷導向」（marketing orientation），重視消費者的利益，強調顧客知覺價值。

接著，韋昌更依循著保險最初的使命感，將行銷理念落實於壽險行銷實務，將十餘年經驗與心路歷程，化為內容簡潔、易理解又豐富的字句章節。如 Bold Approach 公司的總裁 Dave Lakhani 所說：「在任何經濟體系中，總有一群人認為用錢買一些產品或服務可以讓生活更容易、財富更多，或工作更穩定。在行銷時，如果能以客戶的想法作訴求，你永遠都不會缺乏立刻就說要成交的客戶。」韋昌激發顧客的感覺、情緒、思考與行動，促使產生購買動機，並使他們購買後留下深刻記憶。

然而，本書並不止於適用壽險行銷管理，所有從事行銷或對行銷感興趣的讀者，都可從中體會行銷的意義與價值，也看見對客戶的承諾、服務的使命感。真心推薦給所有讀者！

推薦序

成為客戶信任的夥伴

前保德信人壽董事長暨執行長
金毅宇

認識李韋昌逾十五年寒暑，此次欣聞出版社在人才濟濟的壽險業中，獨具慧眼為韋昌出版『333銷售法』一書，身為韋昌過去的老長官，對他有如此的成就，甚感欣慰；亦為韋昌有今日不凡的表現，並成就一番事業感到與有榮焉。

從事業務工作的人都瞭解，站在與客戶溝通的第一線，透過觀察客戶的表情、動作，往往是洞悉客戶心中想法的一種方式，藉由觀察後再進一步提出說明，常常是取得客戶信賴或是成交的重要關鍵。另外，因應金融環境及法規的日新月異，亦需閱讀大量的書籍、訊息，以掌握最新的市場資訊及新知，才能提供客戶最完善的建議。截至二〇〇九年底，台灣人身保險業務員登錄人數為 317,177 人，如何從這逾三十一萬的同業中脫穎而出，成為讓客戶信任一輩子的夥伴，『333銷售法』一書是每位保險從業人員，甚至是從事業務行銷工作的人員，所不可或缺的致勝寶典。

韋昌從最基層的業務做起，以他從事保險行銷工作二十年的經驗，在書中詳細說明如何掌握顧客、瞭解需求，並解析333銷售心法真諦；又闡述如何掌握333銷售心法的五大秘訣，全方位來透視保險業務；同時，為了更讓讀者了解，並以實戰模擬的方式，說明333銷售心法實戰練習與步驟。這是一本非常有用的工具書，相信對讀者有諸多的助益。

韋昌今日在工作上的成就，及樂意將其寶貴經驗，無私分享予一般大眾，這種精神值得嘉許與效法。也希望藉由本書的出版，能幫助臺灣保險業界同仁，以及大陸，進而全球華人，創造成功與璀璨的未來。

銷售業的孫子兵法

前中國微軟和思科總裁
現任上海飛虎樂購網董事長
杜家濱

在我們的日常生活中，銷售無處不在。

銷售是一種感動對方的過程，目的是讓你面對的對象被感動，從而接受你的看法或建議。感動的方法，會隨著被銷售的商品或服務的類別、規模的改變而改變。銷售是一種互動的過程，不僅是單向地去感動別人，也需要依據目標對象的反應而調整所使用的方法，甚至策略，最後讓對方同意接受你的看法或建議，這才是一個成功的銷售過程。

幾位從事保險和傳銷行業的朋友和我討論，在他們的行業中除了公司的策略之外，**銷售人員個人的銷售方法和服務意識是行銷成功的關鍵要素**。一位專業、成熟而又能藉由服務得到客戶肯定的銷售人員是千金難求的。公司會不定期的舉辦各種培訓，提升員工專業水準，但是靠公司的力量不夠，最重要的是靠銷售人員個人自覺的上進心和自動自發的持續的學習態度。

保險，最簡單的解釋是保障危險發生的生活損失。如何評估損失大小，為得到保障願意付出多大的代價？是賭博？還是投資？這和個人利益的判定有關，要讓人能夠充分理解，而願意作出正面決定，這就需要能站在決策者的立場考慮，再讓決策者同意這個考慮的正確性，進而作出同意的決定。

中國廣大的地域和人口規模，給中國市場一個很大的空間。中國市場的滯後開發，也給當前所有的公司帶來巨大的商機。透過許多跨國保險公司的參與，大約在十年前國內的保險市場就已開始和世界的保險業接軌。這個剛開始的市場，由於眾多成熟市場的制度和人才在短時間內的大量投入，市場的開發受到高度的重視。

中國這個巨大市場的開發，就像耕種農作物，可以粗做，也可以精耕。市場開發初期，任何人都可以進來做銷售工作，客戶沒有接觸過保險，無從比較，銷售人員就像到了一片沒被開發過的肥沃農地一樣，種什麼就長什麼，粗做也會得到收穫。但是大規模的粗做很快就會遇見障礙，當商家變多，商品更豐富，市場的競爭開始出現，客戶的選擇也隨即變多，在使用商品有過成功或失敗的經驗後，客戶也得到教訓，更懂得考慮如何保障自己的權益後再做決定。

商家在發現成功銷售的速度變慢，成本越來越高後，會被迫開始思考如何引進更有效的銷售手段，培訓更好的銷售人員，希望透過這些優秀的銷售人員在市場上獲取更多成功銷售的機會。就像耕耘者要開始思考如何精耕，更有效的利用土地和資源得到更多的收穫，這時有效的銷售方法便開始得到重視。

品睿除了在大學教書外，同時還在幾個大企業的銷售領域有著豐富的實踐經驗。透過講演和教學，他在台灣及大陸培養出不少優秀的銷售人才。很早就有朋友請他整理，透過出版發行能讓更多人分享這些經驗。

《333銷售心法》涵蓋了銷售策略、銷售方法的設計，同時品睿還把他在保險業成功的銷售經驗當為範例分享給大家，其分析客戶需求，說明銷售目的，解釋商品（保險）

服務的內容，及客戶透過使用商品或服務能得到的好處。然後介紹如何進行銷售。從有系統的分類客戶，站在客戶立場看商品，感覺上對做好銷售工作所著墨的內容不多，但事實上他非常生活化的讓你在不知不覺中就接受了他簡潔扼要的銷售方法。由於他使用保險的商品作介紹，無形中也讓讀者學到了保險行業的產品和行業知識。

就像軍事家需要研讀孫子兵法，銷售人員也都需要有一本好的教材，讓他們可以學習與實踐。《333銷售心法》就是這麼一本難得的教材，足以做為銷售人員的教戰守則以提升銷售的專業能力，即使把自己當做一般讀者，也能從中學到在生活中如何與別人相處得更好的方法和技巧，讓你的人生過得更豐富多彩。

推薦序

萬丈高樓平地起

富邦人壽助理副總經理

古云：「登高必自卑，行遠必自邇。」又言：「萬丈高樓平地起。」做任何事，想要成功，皆應做好充份準備，練得紮實基本功。三百六十行，行行皆如此，保險行銷之從業人員，尤莫此為甚。

本書乃韋昌兄將其二十年之經驗不吝惜地與讀者分享，由實務之案例出發，經言簡意賅的解說，條理分明的敘述，內容精闢詳實，字字珠璣，無論是欲增員輔導的主管或即將上市場行銷的保險從業人員，這本書絕對是您不可或缺的一本行銷秘笈，教戰的葵花寶典。

鐵杵磨成繡花針，建議您就從閱讀這本書開始吧！

推薦序

一個真誠的業務員的真實故事

施羅德投信副總裁

銷售，有人將它當作技術，也有人將它視為藝術，更有些人將之視為信仰，一種助人助己、使人生變的不同的信仰，總之，它不是件容易的事，而且也是件非常有意義的事，試想一個沒有銷售的商業世界，我們現今的方便生活將大大改觀。

保險，有人將它當作商品，也有人將它視為助人工具，更有些人將之視為信仰，一種令人安心、使人生變的幸福的信仰，但是，它容易理解卻又不是那麼容易計算、確定的事，因為它對抗的正是不確定，誰知道「不確定」值多少錢？

因此，研究如何銷售的書籍想法多的難以想像，如何銷售保險的書也不少，為什麼還要推薦這一本？因為這是一個真誠的業務員的真實故事，像你我一般平凡卻成功的故事；因為他提出了想法，一個可以幫助你的簡單想法；更因為所有的想法有沒有用，都必須經過親身實踐的檢驗，而我認為這本書所說的一些想法是有啟發性的，例如將保險（產品）分類的理性理解，但要加上說故事的感性關懷，認真傾聽、引導溝通、以掌握顧客，瞭解需求，另外也釐清保險（行為）的目的，找出客戶真正的需求，最後也談到銷售工作的本質，以及面對客戶應該具備正確的心態。

當你拿起這本書時就代表了你的需要，有了好的動機，接著就是尋找工具、方法完成它，這本書就是可以幫助你的工具。

推薦序

以愛為名，真誠至上

富邦人壽業務總監

「你要如何購買保險，做好一生的家庭財務規劃，我來協助你。」一句話就道盡了「業務」的角色定位。

「客戶喜歡購買但討厭被推銷」的觀點論述，述說著「業務」懂得如何掌握銷售心理學，來與客戶深層溝通和規劃行銷流程。

「你擔心是因為你愛你的家人，所以不想讓他們承擔，造成他們的負擔……」，以愛為訴求的提問，代表著「業務」對保險功能／意義／價值的深刻體會和應用。

以商品利益訴求賣金融保險商品給客戶和協助客戶做好財務需求規劃，再以對的金融保險商品來滿足需求，是兩種由全然不同的定位點出發的銷售行為，一個是業務員，一個是顧問，兩者所需的行銷技術／專業知識／對待客戶心態是截然不同。

品睿兄，十多年來對保險顧問定位／行銷／培訓的心得領會，經常有系統的分享給大家，希望提升夥伴們的工作價值及協助客戶做好一生的財務規劃。以前聽到的都是片段分享和指導，很高興品睿兄終於出書分享，是保險業的福氣，也是閱讀並應用者的幸福。

己欲立而立人，己欲達而達人

保德信國際人壽保險股份有限公司
首席壽險顧問

所謂行銷的完美，必須要銷售與管理都相當出類拔萃，才可稱得上行銷的終極表現，壽險的行銷又是所有銷售業務領域當中最艱困的，因為要跟人們討論忌諱的一些話題——生、老、病、死、殘，進而了解客戶的需求，並根據客戶的預算，量身訂做符合顧客的家庭風險保障規劃，銷售客戶「愛」與「關懷」的承諾，解決走得太早，活得很長，要走不走以及資產配置的問題，要能夠在壽險業務從行銷入門，不斷精進學習，不僅個人業績能做的頂尖，還能懷有「己欲立而立人，己欲達而達人」的胸懷，傳承培育更多精英來從事保險的業務行銷，甚至將多年的經驗，透過書籍的分享真是難能可貴，堪稱是保險從業人員的一大福音！

玉婷十多年來的保險行銷工作，在品睿老師的文章中得到很多的共鳴，深受啟示：

（一）333銷售心法：經由基礎的觀念，了解需求價值，進而溝通達成共識，提供解決方案。

（二）全方位了解保險的真諦，利用專精的知識、熟練的技巧、正面積極的態度、良好的工作習慣來為客戶協助規劃適切的保障計劃，提供客戶不同人生階段的服務。

（三）不是只知坐而論道講述學問而已，更能起而勵行，利用實戰的經驗將行銷的流程、步驟，經由反覆努力不斷的練習達到爐火純青的地步，讓銷售更加順手。

非常喜悅此書的問市，能夠利用淺顯易懂的文字，實例說明步驟並逐一引導，讓有心想從事此行業的人士，有一參考借鏡的工具書，亦讓管理職從此書中，調整修煉進而可以輔導組員，讓組員的業績能更上一層樓，若不是壽險從業人員，亦可從此書中獲得行銷的樂趣及飽覽行銷的菁華，在生活中更能增廣見聞，拓展優良的人際關係為美好的人生增添無限的色彩！

祝福大家：因書而喜樂，因書而富有，因書而共好！

序言

我的保險故事：絕處逢生的心路歷程

李昭賢

曾經六個月只成交兩筆生意，四個月沒有任何業績。

二十年前，當我剛進入這行從事保險時，不論是投保率、商品或是教育訓練，對我來說都很陌生，過程中遭遇到很多困難。在家人和朋友間，也經歷了許多挫敗，這段心酸又辛苦的經歷，現在想起來，還是很感慨。我的第一筆保險對象是自己，第二筆居然是拜託我同學的家人，一切只是為了要達到公司對內勤主管的責任要求！

還記得當我從內勤編制的工作，換到外商保險公司從事業務時，我的收展員告訴我：「主任，你從來沒做過保險，現在要去賣保險適合嗎？剛好我有位客戶要辦解約，你要不要試試賣你家的保險給他？」聽到時，我真是感動莫名。一方面，我必須承認當時我的銷售能力很差，面對剛起步的階段，比誰都還要惶恐；另一方面，當時一直苦無機會開始的我，絕沒想到，第一次的機會，竟然是從我的收展員開始，這樣的經歷真的很奇妙！

而我的第二份保單，則是以前在老東家服務的客戶。他在市場賣魚，老婆則在市場賣肉，我們平常就很熟絡。有一天他打電話給我，問我怎麼很久沒連絡？我告訴他，我離職後到外商保險公司做業務。記得他只問我公司好不好，完全沒管當時（近二十年前）各種在市場上有關外商保險公司不利的傳聞。聽到我的回答，他只說一句話，你來寫我家的保險吧！就這樣，我在進入這行業的六個月內，成交兩張保單，而且，都是在出乎我意料的狀況下成交的。**緊接著，我就遭遇人生最難熬的一段歷程——四個月沒有任何業績！**

那個時候，我身邊的同事來自四面八方的保險公司，且大多已經從事保險有段時間。每個人心中都有一個可以重新開始的夢。因此，大家的感情都很好，懷有特別濃厚的革命情感。

由於許多人都來自外商保險公司，打陌生電話就可以成交的風氣很盛，但是，對於來自國內壽險公司，向來強調緣故（編按：就是自己周遭的親朋好友）開發的我來說，還是一塊全新的未知領域。陌生開發，真的可行嗎？我做得到嗎？儘管我心中充滿問號，為了顧及顏面，又不好意思開口請教，只好私底下仔細聆聽他們的說話技巧，把相關話術記下來，照表操練。結果，我打了近百通電話，只有三個人願意和我見面，而且，最後沒有一個成交。

這樣的日子過了四個多月。最後是另一位同事看不下去，指導我一些方法，才終於有了突破！

我開始察覺到，有些需要調整、不對勁的地方。

那時候，有位客戶剛從德國留學回來，在政府單位工作，我因為陌生開發的緣故認識了他。在接觸的過程中，有一天，他突然主動打電話給我，和我約定見面的時間，希望我能到他家裡談談。

一見面，他就說：「我們接觸的這六個月當中，常常接到你寄給我的建議書。讓你這麼費心很不好意思，所以我決定向你買一張保單。不過，還是要請你看看哪一份比較適合我？」他從牛皮紙袋中抽出來的建議書，居然有六份之多，自己也傻了眼，只好自圓其說一番，然後趕快介紹其中一份建議書，成交後答謝離去。

這件事讓我達成業績，也讓我直到現在還和這位已成為政府高級官員的客戶維持很好的關係，但其中的過程，以及後來發生的一連串事情，卻讓我常常反省：**到底業務員扮演什麼樣的角色，才會讓客戶尊敬和滿意呢？**

直到某個事件之後，我才真正驚醒，覺察到其中的含意，從此，也改變了銷售方向——我的一位客戶罹患了肝癌末期。

這位客戶的老婆，是在一個偶然的機會下，同學介紹給我的。當時，我和她約在某個下班的晚上，去他們家裡談保險。過程中，她先生從工地回來。雖然經過一天工作的疲憊，可是看得出來，他的身體十分健康、強壯。我簡單地介紹產品後，便在他們的預算內建議了組合項目，很快地成交保單。因為過程很順利，那些年，我和他們一家人始終維持著良好的關係，她又陸續介紹了小叔和弟媳，也介紹她的同事和姐姐相繼買了一樣的保險。

沒想到有天，我突然接到她的電話，在電話中我聽到她顫抖的聲音，詢問關於她先生保險的內容，讓人覺得很不安。追問之下，才知道她向來身體健康的先生竟然罹患了肝癌。很難令人置信，卻是事實。我馬上趕赴醫院，面對已經充滿黃膽和腹水的身軀，難過地試圖擠出些安慰的話來。這時，她先生伸出乾瘦的手握著我，氣弱游絲地說：「請幫我一個忙，不要讓我老婆、小孩為我的醫藥費煩惱。還有，我的保險金就麻煩你了……早知道我就多準備一點。」

記得當時，我一再強忍淚水說：「超人（他的暱稱），你放心！你不要擔心這些問題，我一定會盡全力！」

直到現在，他說的每字每句都還清楚地烙印在我腦海中，時時刻刻迴盪著。夜深人靜時，我常深自懊悔、檢討，**我在自己的工作崗位上，曾對客戶盡了甚麼力？我的工作到底是賺錢至上，還是客戶的立場至上？**

也因為如此，我改變了自己在銷售上的看法。讓客戶藉由我的提醒，知道自己所擔心的問題；不提出警告或威嚇，或告訴他要用保險來解決所有的問題；讓客戶知道所有自身所擔心、害怕、恐懼的狀況，由他自己面對並解決自己的問題；同時在我的告知下，自己規劃能接受的預算和保額。我也不激發客戶的興趣，讓客戶自己想解決方案。客戶都很能接受這樣的方式，我也因此結交了許多好朋友。到目前為止，客戶從不抱怨他們所規劃的方案是不好的，是有瑕疵的。

經過十幾年來不斷的洗禮，我把這樣的做法、技巧教給我的業務員，除了培養出三位 **MDRT**（百萬圓桌會會員）外，也不斷將此技巧運用在各項講座和課程裡，而獲得很好的成績。在撰寫這本書的同時，我希望大家不管是擔任保險業務員、銀行理專，還是一個以保險為使命的從業人員，都能好好深思這個問題。期許這本書能夠帶給大家不一樣的啟發。

333銷售心法

目次

一、觀念建立篇

333銷售心法的真諦

——掌握顧客，瞭解需求

二、透視保險篇

掌握333銷售心法的五大秘訣

三、實戰應用篇

333銷售心法實戰練習與步驟

前言 客戶到底在哪裡？

銷售其實很簡單，但是很多人卻覺得難。是不是因為成績差，總是達不到業績？或是常常面臨業績及考核壓力、環境競爭激烈、客戶比較心態濃厚等問題，總給人受挫之感？還是因為專業知識很難、銷售技巧很難，很多事情很難，讓人搞不懂？

事實上，我在這行二十年，演講數百場，和許多頂尖業務員接觸過，大家共同的想法與問題都是「**客戶到底在哪裡**」？這個問題其實是最難的，其他問題都可以用學習和努力來完成、解決，唯獨客戶在哪裡，是讓業務員最受挫的一點。

我記得在寫碩士論文的時候，花了三個月時間不去工作專心撰寫，每天泡在圖書館裡。我非常努力用功的寫我的論文，寫了將近八十七頁四萬多字。沒想到，當我把論文交給指導教授時，教授卻發了一封信給我，信中寫著：「我根本不知道你在寫什麼？目的是什麼？」大筆一刪就是三萬字，我簡直欲哭無淚。

他說：「你必須知道，當你在做任何事情的時候，要很清楚你的目的是什麼？你的架構是什麼？如果沒有這些明確的想法，再添什麼『肉』，這些『肉』的內容都是軟的、空泛的，沒有價值，是『站』不起來的！」我反省後，覺得他講得很有道理。

所以，我要對各位講的是，你認為自己花了很多功夫去學習專業知識，可是為什麼沒有達到預期的效果，你心中一定充滿了疑惑。現在告訴各位，沒錯！那些確實很重要，你學了很多專業銷售技巧和財務專業知識，對銷售工作確實很有幫助，但你有沒有真正想過，你的工作是甚麼？不就是「認識顧客」和「讓顧客認識你」嗎？每天的工作不就是溝通、溝通、再溝通嗎？從事銷售工作的你，是不是要認真思考這些問題，譬如：「我要去找什麼人？」「我和這些人說甚麼？」

我們曾經歷過無數次和客戶、與競爭對手交鋒的洗禮，經過許多課程的教誨，為什麼面臨的問題還是一樣？難道我們不受教嗎？除了歸咎於慣性外，你或許會自我安慰：

因為我的客戶和別人的客戶不同。可是你一定會發現，既然自己接受過很多訓練，既然前輩和講師都說得很有道理，為何自己就是做不到、做不好？這些不都是老生常談嗎？不管你到那一家公司接受訓練，都會發現大家所接受訓練的內容都大同小異。

釐清這些問題後，再來談我所謂的績效。**我認為的績效，和一般人所定義的有很大的不同。我認為「客戶在哪裡」這個問題是最先必須思考的重點，其攸關日後能否做出高績效，**所以應該要從根本的狀況來切入探討。我比較習慣用邏輯思考的方式來看待「客戶在哪裡？」。首先必須認清，不是你去拜訪客戶，客戶就會和你談保險。

為什麼這麼講，那是因為我要你一定要先打破「因為你去找客戶，客戶就會和你談保險」，或是你想要簽一個案子，客戶就會讓你簽……等等觀念。**記住！一個很重要的觀念是，你和這個客戶之間，到底能產生什麼樣的連結，才會讓他認為必須坐下來好好聽你說話；**不管你們先前是否認識，大前提就是，不要讓客戶覺得你來找他的目的就只是為了簽保單。「坐下來好好談一談」，先談一下對方感興趣的東西，接下來才會有可能引出自己想要說，以及對方想要聽的話。

一、觀念建立篇

333銷售心法的真諦

——掌握顧客，瞭解需求

聽別人說話

這本書要談的方向，和一般坊間的書籍不同。在所有的銷售法則裡所談到的第一步，大都是要找到適合的客戶，然後去拜訪。但是，有誰知道，在合作關係締結前，需要經過幾次的拜訪才會成交？所以在這裡，我要談的主題，不是先找到適合的客戶拜訪，而是著重在經營客戶的第一步，也就是銷售的第一階段——「聽別人說話」。這個「別人」指的就是你的客戶。

我並不是要探討聆聽時需要正視的問題和相關技巧，以此作為本書的主軸，而是要大家正視聆聽客戶說話的重要性。聽客戶說話雖然簡單，但是聽出箇中涵意，卻是一種藝術。到底要說什麼話，才能讓客戶產生興趣，並且失去戒心？那是一種技巧。這項技巧就是去溝通、聆聽，讓你和客戶維持一種從屬、朋友，以及產生一種利益上的關係。所以，在我開發出來的課程中，沒有「陌生開發」這個名詞。因為「陌生開發」在我的定義是：藉由轉介紹客戶所推薦，陌生又有關係的對象。在這裡，我會用幾張圖表來簡單告訴大家——發問的技巧與運用方法，這部分容後章節再談。

記得有一年，我參加「美國百萬俱樂部」（MDRT）的年會，在大會上，有一位演講者敘述他和一位企業家談到遺產稅的問題，企業家馬上明確地告訴他，他不需要保險來解決稅的問題，因為他有錢，根本不用擔心。當時這位演講者什麼話都不說，只是不慌不忙地把他帶來的提袋裡的鈔票（假鈔）全都倒在會議桌上，然後告訴客戶說，假裝這是你的錢，是這麼多嗎？客戶看著桌上成堆的錢，很得意地說，是啊，應該有這麼多吧！沒想到，演講者隨即把一半的鈔票推到地上，指著桌上說，你錯了，這些才是你的！客戶很驚訝，他說，這是怎麼回事，為什麼我的錢只剩下一半，地上的錢又是怎麼回事？演講者笑了笑，淡淡地說，地上的錢應該是屬於山姆叔叔的（意指政府國庫），不是你的。

這個例子聽起來簡單，卻是善用聆聽和溝通技巧來化解拒絕和尷尬最好的範例，也是一開始我想要表達的重點。目前，很多保險公司的訓練教材，都著重在「陌生開發」方面的訓練，可是相信我，在許多保險公司及銀行相繼成立電話行銷部門來進行隨機開發的情況下，「陌生開發」早就不適用了。

「重要原則：擁有正確的基本態度」

1. 如果你完成一件 Case，你賺到的是佣金；如果你交到的是朋友，你賺到的是一筆財富。
2. 與其有一千個潛在新客戶，不如有一百個滿意的舊客戶。
3. 告訴自己，你可以幫客戶解決他擔心的問題。
4. 銷售最重要的，不在開發，而是在如何讓客戶相信你。

傳統的銷售方法——「陌生開發」真的重要嗎？

根據二〇一〇年一～四月壽險公會的統計資料指出，銀行委託「保險代理人公司」賣的商業保險已經超過全體保險業的六七．八九％，而壽險公司本體與經保代公司則分別僅有二九．三三％與二．七八％的佔有率。換句話說，在全台灣有效保單投保率突破四三〇％的情況下，銀行行員加上現有的三十萬保險從業人員大軍，你覺得你擁有的銷售機會有多少？你的人脈關係又值多少？還有，你知道客戶重複購買的狀況有多少？

事實上，現在的情況已發展成：在一般民眾的印象中，保險業務員不如銀行行員或理專銷售保險來得值得信任與專業！

舉個例子：有天，我到中國信託存款的時候，發生了一件讓我很驚訝的事。

一個很帥的銀行男職員問旁邊一個拿號碼牌的人說：「先生，你要做什麼？」那人回答說：「我要存一筆錢。」

接著，那個男職員就突然問了一句：「先生，你有沒有買意外險？」

那人面對男職員的問話，很自然地回答：「我已經買了。」

「我們銀行有一份意外險，非常便宜，只要八百元就夠了，而且保障的範圍非常多，我相信對你是有必要的。而且，你現在不也在等存款嗎？有沒有興趣瞭解一下？」

聽男職員這麼說，那人便回答：「好啊，就聽聽看。才八百元？」

「是啊，八百元一個月才幾十元，包含的內容卻很多，對你會很有幫助的。」

於是，銀行行員拉了把椅子，讓客戶坐在面前，就這樣成交一筆保單。事實上，這樣的場景，無所不在。當你坐在客戶面前，對客戶說：「先生，有一個意外險很好，只要八百塊或一千塊，你要不要參考一下？」你想，換作客戶會怎麼回答？應該不太一樣吧！所以你需要去思考，為什麼銀行用陌生開發的方式會賣那麼多？再加上公司行銷部門配合上電視強打廣告，我們怎麼比得過？這是第一個問題。

再者，第二個問題是：二〇〇八年的金管會保險局有一份統計資料，在當年度投資型保單的部分，光是解約金就高達四千億。也就是說，當年度一整年大概賣了一兆多的投資型保單，而年底就解約了四千億元。之所以產生這種情況，其中一個因素，可能是客戶在不清楚的情況下買了投資型保單，後來發現不好就不要了；另外，可能是業務員在說明的時候，給了他錯誤的認知，後來，他發現和事實有出入，就解約了。面對這樣的狀況，你和客戶的信任關係就會消失，你的客戶、市場也會跟著消失。

如果業務員在沒有充分準備的情況下，就和客戶接觸；或者，接觸了卻沒有和客戶保持聯繫；又或者沒有達成交易、沒有達到業績等，業務員的業績自然大受影響。

所以一般來說，除了需要具備對財務計算機的運用了解、關於現金流量的專業知識以及分析整合的能力等，擁有相關的財務規劃基礎能力，才能和銀行等眾多競爭者有所區別，更重要的是，不能再把「陌生開發」視為銷售業績的主要環節。現在的你該做什麼，請用以下幾個重要事項作檢視，如果做到了，即在方框內打✓。

□ 你去拜訪客戶了嗎？

□ 你拜訪的客戶量足夠嗎？

□ 客戶喜歡你嗎？

□ 你說的話客戶聽得懂嗎？

□ 客戶說的話你聽得懂嗎？

□ 你看得懂客戶的表情嗎？

□ 你有沒有很清楚地介紹自己？

□ 客戶知道你去找他做什麼嗎？

□ 你有沒有興趣認識客戶？還是你只有興趣讓客戶知道？

☐ 你只想賣他保險？你確定你給客戶的規劃是他要的？

☐ 你確定客戶已經告訴你他要什麼了嗎？

☐ 你確定客戶已經了解你說的和他要的是什麼了嗎？

☐ 你確定客戶付的保費是合理的嗎？為什麼直到成交，客戶還有那麼多問題？

☐ 為什麼不好意思讓客戶簽名？

☐ 為什麼客戶不介紹朋友讓你認識？

☐ 你真的知道客戶對你的感受是什麼嗎？

☐ 為什麼你的客戶服務永遠都是一樣的？

讓客戶聽懂你說的話

過去在講市場開發時，都是說要找什麼類型的客戶？要和他談些什麼話？要套用什麼話來問？譬如感興趣的話題，舉凡工作、小孩、家庭等等，總之，就是從客戶擔心的話題，來做「揭開傷口撒鹽巴」的工作，然後提出困擾性的問題，比如：「如果你的工作不穩定，存款少，小孩又小，你覺得該怎麼做人生規劃呢？」想想看，如果講這些話就可以增員，就可以銷售，一切真的這麼簡單的話，大家還需要煩惱業績嗎？還需要聽我的課、看我的書嗎？

請你仔細審視以下幾個問題：你常常覺得自己是保險顧問，實際上卻沒有多少保險；你常常在想，要花時間經營、開發客戶，卻花更多時間在認識同事上；你覺得自己是財務顧問，卻沒有錢當自己的顧問；你常常想學如何 Close 客戶，客戶卻常常希望你學如何做人；你常常想達到業績，業績卻常常處在「不想做卻做得到」，或「想做到卻做不到」的狀況。

如果這些問題都存在，請再注意一下，當你一開始見到客戶時，大家常常是開門見山式的溝通，但是，你有沒有仔細想過，溝通的真正定義到底有哪些？人與人之間的訊息傳達，對方到底有沒有瞭解？

所以我現在要講的第一件事情，就是讓對方瞭解你想表達什麼。

請問各位，談保險的時候，是你在談、你在說，客戶有沒有瞭解你在說些什麼？如果你只是不停地去說，對方會聽不懂你到底在講些什麼。正如我之前的例子，我努力寫了八十多頁的論文，很辛苦，結果教授卻完全不知道我想表達什麼。所以，你要傳遞訊息給客戶，讓客戶瞭解你要說的事，不一定要洋洋灑灑說明一大堆，以表示你很專業、溝通技巧很好。這點很重要。如果你沒有把要傳達的資訊正確地傳達給別人，或別人聽不懂你想要傳達什麼，一切都是白費唇舌。

我再舉個例子：前些日子我送一位老師回家，他在路上講了一句話：「韋昌，我最近很苦惱。我想問你這個專家，我股票虧了二百多萬，該怎麼辦？」

我說：「虧了二百多萬？很好啊！這是一件很好的事啊！」

他說：「你有沒有聽清楚，我虧了二百多萬，你怎麼會說是一件很好的事情呢？」

我說：「這件事情是很棒啊，你終於可以感受到人生是一件多麼美妙的事，終於有虧到錢了。這是一個很好的典範。」緊接著，我問他：「你下一次是不是還想再虧二百多萬？」老師當然馬上搖頭否定。

於是我再問他：「二百多萬虧了就虧了，我想知道它們到哪裡去了？」

老師說沒了，我馬上回說：「錢不是沒了，而是在別人的口袋裡。你所做的任何事情，都先不要管會不會賺錢，而是有沒有風險？」這樣的解釋方法，就是我要談的「溝通重點」。

首先，假設一些想法，針對對方的問題，問一些淺顯易懂，可以讓對方馬上感興趣並理解的問題。記住，千萬避免類似「你虧錢了？怎麼虧的？買了哪些股票？為什麼會虧呢？」的問題，尤其不要深入去講一些糧食、石油、環境等感覺很專業的內容，因為這樣一來，會讓客戶把「為什麼虧錢」的主題忘掉。

回到上述，最後我告訴他，「你之所以會虧錢，歸根究柢是因為資訊不對稱！」而他也同意我的看法。我說：「正因為你的資訊沒有別人來得快，所以我們只要做一些讓自己明白，且可以掌控的事情就好。」

以下就是我的銷售方法，謹供各位參考。

投資與儲蓄的話術

1. 如果你認為買得對，那麼，這一定是你所需要的東西；如果你覺得後悔，這證明了一點，就是把錢存下來，那可求得心裡的平安！
2. 我們每天對生活的決定，不一定是心安和平安就好。太多的誘惑，讓我們一再錯誤投資，花費時間卻事與願違。
3. 我們只要有一個決定就好，就是「簡單」。簡單地決定、簡單地存錢、簡單地花錢！記住，把錢留在身邊一定是好事，因為它還在身邊，並沒有花掉。
4. 存錢的下一個動作並不是花錢，而是決定存下來的錢要用在那裡。

話術範例

1. 我們沒有被減薪，而是自己給自己減薪。
2. 投資的風險會存在，但不一定會來；生病和死亡的風險會存在，但一定會到。
3. 在生活中要花錢的機會很多，要把錢留下來的機會很少。
4. 增加財富的三要素：存錢、管錢、用錢。
5. 不管是有錢人還是沒錢人，都要過一種日子，就是退休。
6. 何謂提早退休？就是少了工作，卻多活了幾年。
7. 何謂退休？沒有收入，只有支出，但要有老本。
8. 你認為自己以後不會有錢嗎？
9. 財務安全規劃就是讓沒錢的人有錢，有錢的人更有錢。
10. 銀行怎麼會有錢？用你的錢去賺錢；你怎麼會有錢？用你的錢去賺錢！
11. 人生為什麼要辛苦工作？是為了要生活得順順利利。
12. 理財的目的就是讓自己過得舒服。

13. 銀行就像沒有加鎖的保險箱，要用錢隨時去領；保險就像加了鎖的保險箱，時間到了才用。

14. 有人花四十年來了解退休的結果，有人卻能夠在短短四十分鐘的交談中，就決定退休的待遇。

15. 不理財是使用未來，理財是享受未來。

16. 如果有好老子，他一定會照顧你。如果有兒子，你一定會照顧他。

17. 人生最大的風險，就是不投資。

18. 生活中太多「想要」，卻忽略太多「需要」。

19. 投資最重要的是不要賠錢。

20. 繳會錢時不會說沒錢，投資時更不應該說沒錢。

21. 賺錢靠機會，保本靠智慧，先保本再獲利。

22. 隨時可賺及隨時可賣的錢，永遠不會掉入你的口袋。

23. 創造收入是增加生活品質，而不是創造財富。

24. 你是怕自己賺不到，還是怕自己存不了？
25. 千金難買早知道，萬般無奈想不到。
26. 辛苦了這麼多年，到目前為止，你存了多少？
27. 沒有做好理財規劃，收入會變成盲目支出。
28. 定存存不住、跟會不安全、投資賺不到、養兒不防老，這就是我們生活的寫照。
29. 人類有愚蠢的本質：讓問題一再重複發生。
30. 面對生活有二件事要解決。一是恐懼，二是慾望。
31. 只要把錢存下來，都是好事。
32. 我們都希望錢滾錢，但是錢怎麼滾都滾不到自己的口袋裡。
33. 生活中最大的危機就是「不會理財」。
34. 這幾年你賺得多，還是虧得多？
35. 讓不經意的消費變成未來不經意的財富。
36. 過去是養兒防老，未來是養老防兒。

別只是分析數字

學生常問我：「什麼叫銷售簡單的事情？」我說：「把你右邊口袋裡的錢，放到左邊口袋，只是換個口袋，最後錢還是你的，這道理不是很簡單嗎？」

很多人談理財，都是談方法，譬如複利效果、時間差、利率等，把這許多假設值放進去，再獲得預定值。換句話說，等於期待著對未來的期望效果。這就好像業務員覺得自己能憑專業能力來解決客戶的問題一樣。如果真能如此，那麼，世界上就沒有完全不能解決的事了。所有專業的問題，都用專業的方法解決，世界豈不圓滿？可是事實上，並非如此。

在我們周遭的電視廣告中，有直敘性的訴求，也有感知性的。同樣的，在保險的領域中，我們會看到某項商品多好、保障多高、保費多便宜，也有另一種，闡述的是滿足的喜悅，或追憶過往的美好。如果你是客戶，你會接受哪一種方式？在這裡，**我大膽提出「感知的行銷模式」，你也可以把它稱作感性和知性的結合運用，或感動知覺的行銷**。

舉個例子，假設你看到客戶有個可愛的孩子，你會如何表達你的感受？你可能會說，你的小孩好可愛、好聰明、好貼心之類的話。可是，這和你的銷售目的有什麼關係？你只是運用了基本的寒暄方式而已，對你和客戶都沒有正面的助益。可是如果換個表達方式：「看到你的小孩，就讓我想起你第一次當爸爸時的喜悅；你太太懷孕時，多麼期待、渴望這孩子的到來；他呱呱落地時，你第一眼看到他的感覺。這些，你都還記得嗎？我相信你會認為那是天底下最幸福的時刻……」現在，你可以感受到直敘和感知不同的威力了嗎？下次你在拜訪客戶時，**請記住：任何話題，都可以運用感知的想法和問法，來達到拜訪的目的！**

記得有一次，有位客戶打電話問我：「我有一個同事，現在手上有七十萬，不知道該做什麼投資，你可不可以和他談一下？」我說：「好，見面再說！」

結果他說：「你先告訴我建議和方法，我再轉告他！」我堅持：「不行，你的朋友不相信你的專業，但是他相信你的為人。如果你傳的話不對，你的朋友就會對我產生不信任感，相對地，也會對你有微詞。」我這麼說，就是在用感知的方法達到目的。這目的是什麼？就是「見面再說」！而且，這麼一來，客戶也會開始好奇我所要說的話和強調的內容。

但，通常業務員都愛講一些自認為很有邏輯的話，而且認為客戶會聽懂，我卻不這麼認為，所以我才會說：「如果你能介紹我和他認識，你朋友會覺得受到重視，也會覺得你夠意思，你覺得這麼做好不好？」

我真正想要表達的是，你要與對方溝通才行。讓對方明白「見面再說」會對他們產生什麼意義？意義就是：我很重視你和你的朋友！當你想把意識想法傳遞給別人時，就要把行動、思想和訊息與客戶作廣泛的交流，以得到共同的資訊和瞭解，這就是我所想要表達的重點。

如果你還不明白，沒關係。直截了當地說，溝通，就是傳遞訊息、態度、觀念和想法的過程。學生常問我：我們是來學銷售的，幹嘛要談溝通的問題？**事實上，學會溝通**

之前，要先學會「發問」。否則，你只能告訴自己「保險很棒」！但是棒在哪裡？你根本無法和客戶有交集，當然，也就無法產生溝通的效果。身為業務員的你，應該要考慮不同的保單哪一種好賣？可以賣給什麼樣的客戶？如果你只想著怎麼把保險賣出去，你的客戶就會抗拒，因為他不想買，也不想花錢，你就只能一直在這行業裡做「重複」的事，你的第一保單年度的佣金（FYC，First Year Commission）和首年度實收的保費（FYP，First Year Premium）永遠不會高。

在前文中，我跟大家提到一位投資虧損二〇〇萬的教授。以下是我所運用的銷售方法，其如對談內容所載。

教授問我：「如果向你買，你願意為我規劃的金額是多少？」我說：「一百五十到二百萬。」

「這麼高？」

面對教授的疑問，我說：「會高嗎？」

「當然很高啊！」

「可是你都虧二百萬了，還會覺得再拿出二百萬很難嗎？」

「當然很難，因為我沒有二百萬了。」

「你拿未來的二百萬給我，我拿未來的二百萬還你！」教授聽了，一臉疑惑。我接著說明：「我的意思是說，之前你拿兩百萬給陌生人，結果不見了，現在只要你準備未來的二百萬給我，我就可以還你二百萬，你覺得那邊比較好？」教授雖然還沒有完全贊同我的說法，可是，卻十分願意和我談下去，聽聽看我要說什麼。

也就是說，我們溝通的目的，是讓雙方達到愉快的效果。有時候，客戶寧願相信別人的專業，也不肯相信自己的判斷，甚至錢都虧光了，還覺得是自己的錯，是自己太貪心了。真是如此嗎？

■重點：

讓客戶非見你不可。記住，絕不是客戶有沒有時間的問題，而是他想不想、有沒有必要見你。只要讓客戶覺得你能一直帶給他榮耀、資訊、資源（賞心悅目），只要狀況許可，客戶一定會與你見面。如果你一直都能提供利益、幫助、愉快，讓他感覺你所要跟他談的事情是切身利害或迫切需要，客戶就非見你不可了。

■方法：

1. 了解和掌握客戶的切身利害和迫切需要所在——使他願意提供機會給你。
2. 經常提供利益與幫助給客戶——創意接觸。
3. 設想一種讓客戶不斷主動找你的方法——如：讀書會、Club。
4. 讓客戶處在價值鏈的位置。

■ **理念：**

蒐集一切與客戶有關的資訊，是為了服務客戶，使其能更有意義地運用，而不是為蒐集而蒐集，或賺取利益。

■ **目的：**

1. 寒暄並建立融洽的信任關係
2. 不經意地探詢個人資料
3. 提出「發現問題」的續談機會
4. 確認客戶有足夠的時間

■ **談話內容：**

依約拜訪、推銷自己、寒暄、引起興趣、切入主題。遇到問題時，使之明確化，但不處理，輕輕帶過。

讀懂你和客戶的價值

任職護士的客戶在電話裡問我：「我先生的保額不夠，你幫我做一份投資型保險的建議書，保額要高一點，越高越好！」我問她預算大概是多少，她說一個月五千元。我說：「我們見面再說好嗎？」

「為什麼？」她改口強調說：「我只付得起五千元。」

我問她：「你真的只付得起五千元嗎？」

「什麼意思？」

「五千換五百萬的價值和一萬換一千五百萬的保額價值，你會選擇哪一個？」她馬上說：「當然選一千五百萬！」

「我再問妳，妳先生買五百萬的受益人是誰？」

她立刻回答說：「當然是我和我的小孩。」

「所以啦，五百萬和一千五百萬的價值，你更想要哪一個？」「當然是後者。」「你不用急著現在決定花五千還是一萬，我們見面再談吧！」

我現在談的是另一種銷售技巧：**對客戶銷售的時候，並不是客戶告訴你預算，你就得趕緊做建議書！**

我們每天都在說一些別人聽不懂的數字，不只是單純代表五千、一萬的數字。所以，從保險與受益人之間的利益關係，來談大家都聽得懂的話，就會使你和客戶之間產生共鳴和共識。換句話說，**在知道「客戶在哪裡」之前，更要了解，銷售其實就是在說「有道理」的話。**

溝通的重要性，不是證明誰對誰錯，也不是爭辯或議論，更沒有所謂的輸贏。你與客戶溝通的時候，是否常會和客戶解釋：「我不是那個意思，我的意思是……」或者客戶會用自己的看法來反駁你，甚至直接說：「我認為你們的投資型保險風險很大，我的朋友都在虧損，你這樣的規畫不是很好。」接下來，你可能會開始和客戶爭論：「這是因人而異。事實上，我過去還沒有失敗的經驗……」

你想與客戶爭論你是對的，客戶是錯的；你心裡可能會想：「我是天才，客戶是白癡，所以客戶要聽我的」。但你有沒有想過，這時客戶也會認為：「我的錢才不會交給你這個自私、狂妄、自大的人」，如此一來，銷售還會成功嗎？

拉回客戶的心

流失舊客戶的原因	1. 因故轉換（暫不需要、猶豫，或受人左右）而失去聯繫。 2. 發生不愉快的事（譬如：誤會、態度不良、處理不當或輕忽），使客戶憤而中止彼此間的互動。 3. 因一方或雙方的情況發生變化（如客戶需求、工作等變動劇烈）以致無法繼續服務，進而失去聯繫。
施行方法和步驟	1. 主動說明、徵詢、化解、坦然面對尷尬或直言缺失，讓對方感受到我們對他的重視，或讓彼此有輕鬆下台的機會。 2. 把談話焦點漸漸轉移到客戶利益的加強和保障上，使互動有意義。 3. 為中止互動和失去聯繫作出補償。 4. 積極用心投入，定期與客戶聯絡，避免再次中斷互動和聯繫。

6

溝通，是為了走更長遠的路

溝通不像人際關係，會隨時間累積越來越好，但它會給你一個很好的過程，讓彼此達到和諧美好的共識。其本質就是：當別人問你問題的時候，你需要先探索問題的所在。

就好比我們要增員一個人，通常增員的流程是：蒐集名單，然後讓增員者與被增員者面談。假設你是面試考官，或許你會這麼問：「你打算在原本的工作崗位待多久？一輩子嗎？」

「當然不會。」對方說。

「你選擇工作的條件是什麼？」對方講完以後，你會問：「你打算什麼時候實現你的想法？」

「不知道。」如果他這麼回答，你可能會問：「那你在這個工作上，會不會有失落、沒有未來的感覺？」

因為他有換工作的打算，所以他一定會說：「會啊。」

「若我能幫忙你改變這樣的想法，你要不要來瞭解一下我們的工作背景？我們約個時間在我的辦公室談一談好嗎？」我相信許多人都會同意，這是正確的增員流程。但，現在我要談的增員流程卻有些許的不同。

「工作這麼多年來，影響你最重要的一件事是什麼？你是否能說明未來的工作夢想，你認為什麼時候可以完成？而夢想的實現，是需要別人來協助完成，還是自己完成？如果希望別人協助完成，你和這個人或群體，現在或將來的關係是否會維持得很好？如果你想獨立完成夢想，希望受到什麼樣的肯定？對未來的工作做出貢獻後，你又希望得到什麼樣的待遇？我現在問你的這些事情，你能否給自己一個答案？如果這個答案和群體有關，人家是否會願意協助你？若和自己有關，你獨立完成，會不會受到肯定和支持？

如果這兩件事情都不存在，你的工作只是給你一份酬勞，讓你過日子，這樣的工作對你的人生，從小到大，是否與你的想像有出入？如果你想和別人做同一件事情，讓別人幫助你；如果你想自己做一件事情，受到別人對你的肯定，我想我的工作可以提供這樣的機會，我們是否可以找個時間談一下？」

這一連串問題，和傳統制式化的「揭開傷口撒鹽巴」方式，是有區別的。我的分析是，當你在如今的工作中想要努力往上爬，一定只有兩個方式：靠別人的幫助或靠自己努力。

所以，我需要知道你的群體關係是如何建立的？我會考慮的是，如果這個人進入保險業，他和原來公司同事之間的關係是否相處得好，能否在將來回到原公司銷售保險給同事；如果他的回答是要獨立完成自己的夢想，我相信他比較可能會朝創業的路走，那麼，就可以給他創業需要資本的想法及滿足感。

但，若是和自我要求比較高的人進行討論，對方又表示需要與他人共同完成夢想時，我們就可以進行更深入的探討：包括與他攜手共築夢想的是什麼人？志同道合的朋友，還是親密的家人？我們可以探詢他與朋友、家人之間的人際關係如何？相反地，在我們做粗淺的人力評估時，若不做DISC性向評估（DISC所指的分別是，支配型Dominance、影響型 Influence、穩健型 Steadiness、分析型 Compliance），我們可以從這樣的對話中了解，這位被增員者是什麼類型的人，這就是初步瞭解一個人屬性的方法。所以我要說的是，打破你過去被訓練的思維模式。這種方法如果成功，而你又能正確執行的話，增員對你來說，就是很容易的事，辦公室可能會一直湧進人來。

溝通的特質，就是藉助傳遞媒介和客戶互動，進而達成你想要達成的目的。互動就是你和客戶兩人，媒介就是透過MSN等即時通或電話等方式來聯繫。

溝通需要清楚的目的。

為什麼是目的而不是目標，因為目標是一個標記，從這個地方走到那個地方，在預訂要走到的地點做一個標記；目的則不同，它會出現不同的結果。再進一步解釋，就好比目標的結果會分成兩類，就是「要」和「不要」，就算不要什麼、不做什麼，還是會有結果出現。可是目的就很不一樣了。在談溝通的目的時，我們心裡一定要有一個很清楚的想法，譬如今天拜訪的是一個二十多歲的男孩子，或者是一個三十多歲的女孩子，或許她已經結婚有小孩，那麼，我們就要清楚今天去和他或她談的目的是什麼?而不是去打一份建議書，告訴客戶你的目的是來賣保險，這中間的區別可是很不一樣的。

7 別在溝通時推銷

在溝通的語法和過程中，是不會有任何銷售行為的。也就是說，你和客戶溝通說明的時候，在還沒有講到保險之前，絕不應該有銷售行為出現。

如果你今天一開始就要賣東西給人家，客戶就會有種下意識的防衛性心理，這麼一來，你花再多功夫和時間去解釋產品本身的功能有多好，也很難銷售出去。你沒輒之後，只好說：「我們認識那麼久，你為什麼不給我機會，我們兩個都是朋友，關係這麼好，你還不買？」朋友則可能會回答：「就因為我們是好朋友，我不希望破壞這份關係，只好選擇不買。」

相信我們在任何階段，都會遇到這樣的事情，尤其我們還是新人時，最容易遇到。我的親身體驗是，包括我最好的朋友和大哥，都明講不跟我買保險。我大哥甚至到我從事保險十四年後，才向我買第一份保單，而且三個月後就停繳保費。這樣的情形，如果真的遇到，該怎麼處理呢？

在我剛進入這行時，**一位資深前輩告訴我一句很重要的話：「緣故陌生化，陌生緣故化」**。這句話，一直到現在都讓我受用無窮。意思就是，我們常常在開發緣故(認識的)客戶時遇到瓶頸，不是拉不下臉來，就是不好意思面對和開口。在這裡，我特別針對主管級的人，以及面對親朋好友等核心人士時最常碰到的問題，提出不同的解決方式作為參考。

拜訪與續訪應注意的事項及技巧

來源	1. 電話約訪 2. 書信約訪 3. 介紹人約訪
階段	擬定接近計畫→信函連絡→接觸→確定面談
八「不」曲	1. 不預設立場的議題 2. 不處理客戶的問題 3. 不做假設性建議 4. 不做任何保險上的說明 5. 不急著賣保險 6. 不進行任何的批評與攻擊

	7. 不要不準備自我簡歷與推薦函 8. 不要帶嘴巴，但要帶耳朵
電話約訪時的注意事項	1. 電話約訪是在取得與準客戶見面的機會，而不是銷售。 2. 在電話約訪裡，應提出有價值的服務來引起見面的興趣。 3. 電話約訪的過程中，應盡量使用清晰簡潔的語言。 4. 在電話約訪中，我們不做任何的承諾。 5. 充分運用介紹人的影響力。 6. 使用二擇一法約定拜訪時間，以便得到肯定的回答。

8 緣故陌生化，陌生緣故化

主管級的人必須有兩個行動：其一是在增員報聘前，探詢新人在人際關係上的維繫情形，與對從事保險業的看法，並釐清銷售近親人士對自身的影響，建立好正確觀念，讓這問題不要成為增員過程中的障礙。其二是在增員報聘前，陪新人去做家庭和重要人士的陪同拜訪，解除他親朋好友心理的不安，以免在日後造成新人銷售時的心理障礙，或是成為實質上的阻礙。總之，主管也可以藉由探詢新人的人際關係，作為市場拜訪時策略調整的依據。

對於親朋好友的銷售，你必須了解兩個問題：其一是自身的心理障礙如何去除，這必須先從我們在這行業的心態著手。不論你是為了賺錢、尋找成就感，或是為了磨練自己，都必須認清一個事實——你所從事的是保險業，一個必須接受被大量拒絕的行業。但它同時也代表無可被取代及被信任的行業。看似矛盾衝突，卻又具備一個無可比擬的核心價值——責任。業務員的責任，就是把工作做好；客戶的責任，就是扛起家庭和工作的甜蜜負擔。

其二，你必須面對的是，如何解決親朋好友的心理障礙。對此，請用對應陌生人的心態，來緩和自己的壓力。

你可以這麼說：「我們成為好朋友這麼久了，我絕不會為了要你買保險，而冒著破壞我們之間關係的風險。我只是想請你幫一個忙，讓我在你面前練習一下銷售方法，告訴我哪裡講解得不好，有沒有需要改進的地方。」讓自己抽離被認識的人拒絕的壓力。

另外，不要忘了，你的親朋好友也是你的轉介來源中心。要讓他們知道，未來一定要分享你成功的喜悅，所以請他們給你未來成功的準備。這點對新人尤其重要。因為失敗和拒絕，是業務員每天必須面對的課題，心理和態度上若沒有建立好正確的觀念，在這行業的成功率必然不高。

9 隨時瞭解客戶的想法

另一個溝通的技巧，就是要求客戶「回饋」。這是在我所有課程中最重要，同時也是最核心的事。

每一次拜訪完畢，不管拜訪的目的是什麼、是第幾次拜訪、是作何種類型的拜訪，記得要問客戶一句話：「某某先生／小姐，請問我今天和你談的過程中，有沒有任何值得肯定的地方？有沒有一些讓你覺得不舒服的地方？或者你感到有疑惑的地方？」換句話說，每次拜訪，都要想辦法得到客戶對你的「回饋」。為什麼呢？因為身為業務員，我們向來很少聆聽到客戶真正的感受，我們只能從觀察或是猜測中，來推敲客戶的需求，甚至只是片段地理解客戶的想法，以致最後做出錯誤的銷售。

在我們的銷售流程中，從安排約訪，到第一次拜訪，到需求分析，到遞交保單，通常只會瞭解拜訪的時候說了哪些話，只關心有簽約的機會就趕緊簽。如果簽了保險，可能就有段時間不會再和客戶聯繫了。

日本著名的經濟評論家高島陽曾說：「一見面就談生意的人，是二三流的推銷員。」為什麼今天大部分業務員都沒有很好的業績發展？那是因為他們的思考都停留在簽約的階段，主管大部分也都在結算業績的時候，詢問什麼時間能掌握業績進帳。

我們很少去掌握客戶對我們說明時的想法。雖然大部份業務員都知道，讓客戶能瞭解我們的講解說明是件「重要的事」，但問題是有多少人能真正做到。

面對這樣的情況，也就難怪你的客戶名單永遠只有那麼多。原因在於你沒有得到客戶對你的「回饋」，根本不知道客戶心裡在想些什麼、不清楚客戶有什麼事、對你有什麼反應。

還記得我之前談到和教授聊投資的例子吧！離開前，教授告訴我晚上會和我聯絡，因為我告訴他「失去二百萬的感受」。最後我又提到：「老師，你可不可以給我一點『回饋』、一點想法？我們談到左右口袋的例子時，你的感受強烈嗎？」見他點頭，我接著再問：「如果時光可以倒流，你知道該怎麼做嗎？」他說：「我會很慎重地先考慮風險！」這句話，其實就是一種很重要的回饋。

你和客戶溝通的過程中，要不斷瞭解，你丟出問題的說法，是否得到具體的「回饋」？否則你這次的拜訪，就等於白費了。

建議你和客戶面談的時候，永遠從人性可接受的範圍、角度著手。什麼是人性的角度？就是家庭的意義、生活的目的和工作的價值。如果你認為你是這個行業的專家，你是否會用指導的方式來和你的客戶談所謂的生活真理，或是生命的意義？若是如此，銷售是很難成交的。因為你是用自己的想法告訴客戶如何解決問題，而不是聆聽客戶心中存在的疑義；我們大部份都會急著導入銷售，覺得所有問題都可以用保險來解決。

掌握客戶的六大要訣

1. 確認顧客的需求（wants and needs），決定問題解決後的結果。
2. 從顧客的角度看事情。
3. 保持開闊的胸襟（open mind），看待客戶的問題，同時鼓勵你的顧客也這麼做。
4. 找出可以達到顧客目標並符合公司政策的選擇方案。
5. 提供幾個方案讓客戶選擇。
6. 達成共識。請記住，「我為什麼需要它？」是每一位顧客共同的問題。你如何回答這問題，是潛在顧客能否成為滿意客戶，進而成為忠實支持者的關鍵。

10 真誠付出，講得簡單

想想看，你所謂的關懷是什麼？寄卡片給客戶、打電話問候、帶便當或小禮品到他家，或者到他的病房探望他，就是在關心他了？還是他要出五千元買保險，你怕他繳不起，就打一份只要繳四千元的保單，讓他能夠買走一份保險，以為這就夠了。

然而，事實真是如此嗎？你的關懷應該是出自真誠，從客戶的角度去看、去衡量。這很難嗎？其實，是可以經由訓練做到的。

有種訓練是寫遺囑，試著讓客戶寫遺囑。當然，客戶心理上可能會質疑和排斥，但是要讓客戶瞭解，透過寫遺囑的過程，才能發掘出自己內心深處真正的需求，進而瞭解保單的內容規劃、掌握需求。在寫遺囑的過程中，你會發現什麼叫做心裡最真誠的感受，譬如裡面可能會寫：我的身體可以捐出來做研究、我的東西可以用的就拿去用；如果我不在了，我手上的現金留給我認養的三個孩子，讓他們可以念到大學。總之，就是在遺囑中，把自己認為非常重要的事，把心中最真摯的感受，藉由寫遺囑來告訴自己。

換句話說，面對自己的人生時，想想今天是否可以多做些什麼來幫助別人？譬如有天晚上，我很晚回家，當時下雨很冷，我看到一個踩三輪車的人躺在椅子上，身上裹著一個床單之類的東西，就這樣睡覺。我經過的時候是晚上十一點多，看到這一幕我愣住了。當時我問自己，我能幫什麼忙呢？我看看附近有沒有賣被子的，這就是我當時很想做的事情。所以，這可以當作一種訓練，告訴你的客戶，在經歷人生的各種過程時，看著小孩慢慢長大，問自己可以幫他什麼忙？或者對配偶，你的另一半，自問可以為他／她做些什麼？

我勸各位新人，在和別人談保險的時候，不要花太多時間著墨在專業性的書籍，譬如：各項稅法、信託法、團體保險等太過專業性的說法。應該注意的是被許多業務員所忽略的壽險業統一基本教材。相信我，其重要性和實用性絕對超乎想像。譬如保險的意義和功用，試著去想：你在進行銷售時，通常是以功能來切入主題，還是談有關的意義層面。

請千萬記住，和客戶溝通要有共同的語言，內容無非是家庭、生活、工作、退休、生老病死等等。這應該是你與客戶最多的交談內容。你一定會問我：「這就是我一直在與客戶交談的內容，為什麼就是無法感動客戶？」

那是因為你沒有檢視，你能否用很簡單的話和客戶交談，你的資訊是否有系統、有邏輯，讓客戶可以馬上吸收；還有一些重要性的內容，需要重複地告訴他，這個資訊就是你要談的目的。

例如談到家庭生活，你說：「某某先生，我看你的小孩已經上小學了，你應該結婚已經快十年了吧？」

「是啊，我結婚十年了，我小孩已經念五年級了。」當他這樣回答時，因為這不是我要知道的重點，於是我又說：「我有幾個問題很好奇。」請注意，我不會說：「我有幾個問題想問你。」而是說「好奇」。

當我這樣問時，他會說：「好奇什麼？」

這時，就是敘述主題的時候了。「你當初為什麼要組成這個家庭？你還記不記得看到第一個孩子生下來，放在保溫箱中的感覺？當你把太太從岳父母家迎娶出來的時候，她丟了一把扇子出去，看到這個畫面，你有什麼感覺？你第一次幫小孩整理書包時，有什麼感覺？在這些時間點，你有什麼感受？什麼壓力？什麼難題？有沒有想到更好的解決辦法？」

這些都是開放式的問句，其實這個時候，他心裡應該已經有了答案。只是他的答案是什麼，我不知道，所以我又給他幾個封閉性的問句，讓他能馬上反省這些有邏輯的、簡單的、有組織系統的、我重複強調的問句。我的本意，就是問他怎麼對他的孩子和家庭負責？

換句話說，我已經傳達了真正的本意，卻沒有破題，而且當我們在溝通這些東西的時候，也順勢埋下了伏筆，要和客戶談更深入性的話題時，我們的距離就可以馬上拉近。這麼一來，在做所謂的邀約、轉介紹，或是讓他買一張，都有可能了。

和客戶接觸時，展現最誠摯的態度

1. 讓客戶知道你的真誠態度，產生共鳴。
2. 讓客戶相信你能感知他的需要，明白你將盡全力滿足他的需要。
3. 讓客戶知道他即將購買的商品價值、功能等（使他能聽得明白）。
4. 讓客戶知道他該如何發揮商品價值和權益（使他能用得明白）。
5. 讓客戶在你的關心下，成為最忠實的客戶，並把你當作自己人。
6. 讓客戶願意將消費經驗告知、影響他人（使他能說得明白）。

二、透視保險篇

掌握333銷售心法的五大秘訣

瞭解保險的真諦

有沒有客戶問過你：「我需不需要買保險？」或者跟你說：「我要買保險」、「我不要買保險」？針對這樣的客戶，你是不是會問他：「你為什麼不買保險？」「你為什麼想買保險？」「請問在你眼中，保險是什麼？」你能否對他們說出一個輪廓和概況？

我常在上課時問學生，當你成交一份保單的時候，有沒有問客戶：「你為什麼買保險？為什麼要跟我買保險？為什麼要買這份計畫的保險？」等諸如此類的問題。

請記住，銷售其實是一種互動過程，它不僅僅是成交保單，把東西賣出去而已。一般來說，保單成交後，客戶一定會有些反應。這些反應在出事情的時候最多。如果仔細觀察，客戶總會有些問題或抱怨，然而這些反應、抱怨並不一定會讓你知道。

基本上，客戶會主動反應的機率很小，除非他和你的關係很好，或者他本身的個性就是這樣。同樣地，我們在做推銷時，若只是想把東西賣出去，而沒有站在別人的立場上問：「我為什麼要買這個保險？我為什麼要做這份計畫？」只是不斷告訴客戶：這個很好、這個設計的內容不錯，或者說你可以存錢、你可以投資、你可以怎樣。說穿了，其實都只是你自己想把東西賣出去而已。

若換成你是客戶，你會希望別人用什麼樣的方式來對待你？其實，就是運用同理心。

釐清保險的目的

什麼是保險？很專業的說，保險就是多數人合作，分散危險、消化損失的制度。通俗的說，則是保障危險發生時的生活損失。這樣說還是有些繞口，我們需要用更簡短的話來告訴客戶和自己，保險究竟是什麼？這是我們的功課之一。可以是一段話，或一個故事。你可以站在自己的立場上、客戶的立場上，或一個不相干的人的立場上，去考慮保險是什麼？

根據美國一位著名的猶太裔人本主義心理學家亞伯拉罕・馬斯洛（Abraham Maslow）所提出的「需求層次理論」（Need-hierarchy theory），人的需求分成生理需求、安全需求、社交需求、尊重需求和自我實現需求五類，依次由較低層次進展到較高層次。透過馬斯洛的需求理論，你可以瞭解，進而掌握客戶的需求現在是在哪個階段，以此判斷來決定要和他說哪些話。例如：客戶目前的收入比較少，生活壓力比較大，又是單身，他目前的狀況會是在責任嗎？還是在愛與歸屬？或是在安全感？如果你認為是安全感，那麼，你與他談的事情就要和安全感有關。

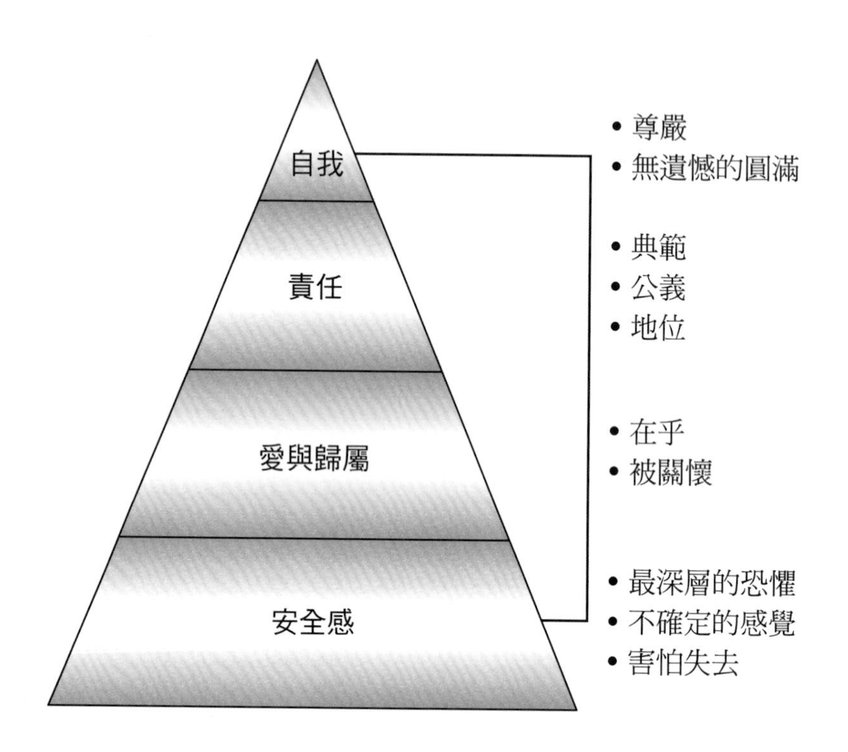
自我
責任
愛與歸屬
安全感
• 尊嚴
• 無遺憾的圓滿
• 典範
• 公義
• 地位
• 在乎
• 被關懷
• 最深層的恐懼
• 不確定的感覺
• 害怕失去

右圖可以告訴我們，客戶有不同需求的時候，會想要做什麼事。因此你需要知道他在什麼層次。如果他已經結婚生子，就會有房貸的壓力，或其他的壓力。不管是什麼，對他來說，最重要的就是照顧好家庭。他的需求可能會在愛與歸屬、安全感，以及責任等。但是他也要知道，如果他有小孩，除了給他們安定的生活之外，還要給他們更多保障、更多愛。只有愛家的人，才知道愛不只要表面上的付出。之所以努力工作，都是為了給家人更好的生活環境。

所以，在與這樣的客戶交談時，不要告訴他保險可以讓他的家庭很安全。這麼說不會讓他產生更多感覺，他反而可能覺得這是應該的、足夠的。但當你與他談愛與歸屬等問題的時候，他會感動，從而產生比較深刻的想法。

要瞭解不同客戶的背景，就得從他們心理上的需求層面著手，提出一些想法，由此產生互動。

不管我們學會多少銷售技巧與專業知識，都必須在這些問題當中，學習進行歸納，在客戶提出的問題中，歸納出一些狀況。例如：客戶拒絕的理由是：「我沒有錢」、「我已經買很多保險了」。這些話，不可以單從字面上去理解，事實上是他在拒絕你。我們並不需要去處理他沒有錢的問題，而應該想到：沒有錢怎麼過日子？所以，我們可以問：「你沒有錢，是不是很沒有安全感？」從字面上的意思來看，或許就是如此，可是我們真正要說的是：「你認為什麼樣的方式可以解決沒有安全感的問題？」「有錢就行了。」他一定會這麼說。接下來我們可以再問：「那你能不能告訴我什麼時候會有錢？」

如此，才能開啟另一段互動的過程，繼續話題。

找出客戶真正的需求

用這樣的想法和客戶探討問題，比較能切合他的需求。這種需求不是被刺激出來，而是自己反省出來的。

我們銷售的時候，常是覺得商品不錯，就把它推銷給客戶。例如筆不錯，就介紹它的功能，把它推銷給客戶；覺得投資型保單不錯，就把它的好處推銷出去。但一開始就做推銷，似乎太操之過急了。因為客戶根本還沒有準備好。

我認為推銷前，可能需要先探討一些問題，包括為什麼要買保險、保險到底是什麼東西？我們需要瞭解，在生活當中，有哪些事情是客戶很擔心的；哪些事情是客戶很想解決的；哪些是客戶現在沒有，但是很想擁有的。舉個例子，單身的人，會想去找男朋友或女朋友；有男女朋友的人會想結婚；已婚的人，會想要小孩；有小孩的人，會想要小孩平安長大，自己安然退休。不同的階段，內心會有不同的想法，而這樣的想法是一直存放在他內心的。並不是由我們來告訴他現在是在什麼階段，應該怎麼做才對，要買什麼、該買什麼。

當客戶還沒有到買保單的那個層次時，只要和他溝通心裡的看法即可。

如果客戶沒有錢，但有一份穩定的工作，而且有小孩，就可以談他對家人盡了多少力、未來能盡多少力，他這樣辛苦工作是為了什麼；未來他的小孩慢慢長大，讀到高中，他的壓力慢慢減輕，他可能會有責任上的問題。換句話說，他不只對家庭有責任，對自己也有責任，他需要對自己的未來有一個交待。總之，可以試著提醒他，現在是否對自己有所交待，除了家庭和孩子，他有沒有為自己留下什麼？當溫飽的問題都解決了以後，還有自我實現的問題。

人奮鬥一輩子，得到自己需要的、想要的東西之後，還會有什麼事情需要去做？正如我們看到的，很多有錢人，後來皈依佛門，走入宗教，或者做一些奉獻。有些人，認為自己已經得到滿足，就去做這樣的事情。當然，還是會有另一些人，希望能再繼續創造財富。

所以，最重要的不是客戶所提問的問題，而是在銷售過程中，哪一個環節會產生什麼樣的問題；接觸、拜訪客戶的過程中，需要談什麼；若被客戶拒絕，要怎樣處理比較恰當。

我們需要觀察前述的圖示，想想我提到的這些話，是不是你目前接觸的客戶所在的層次，千萬別把客戶放在錯誤的層次來發問，再去銷售商品。當然，如果只想單純銷售商品，就和這些無關，它是更低層次的，不需要考慮是否滿足心理需求層次的問題。但我所要講的，主要是從心理需求的層次延伸出來，所以，在眾多的反問技法中，我經過多年和客戶談論的話題中發現，其實拒絕保險背後的因素，多在於對無法預測的未來產生既恐懼又有許多期待的心態，進而整理出「反問技法連連看」的簡單溝通技巧，把時間因素限定在「過去、現在、未來」；客戶感興趣及共同的話題定為「生活、工作、家庭」；把困擾性的話題鎖定在「恐懼、擔心、害怕」的層面；最後帶入保險所要解決的問題是「責任、負擔、結果」。綜合這四種結構，在特定結構下問特定的問題；將每個架構要探討的問題搞清楚，才能真正深入核心，掌握銷售的目的。舉例如下：

反問技巧連連看

過去	生活	恐懼	責任
現在	工作	擔心	負擔
未來	家庭	害怕	結果

舉例 1.「某某先生／小姐，在你過去的生活或工作中，有沒有讓你常常會擔心或是害怕的事情發生？」

舉例 2.「某某先生／小姐，在你過去和現在的生活、工作或是家庭中，甚至到未來的時間哩，有什麼狀況會讓你擔心、恐懼甚至害怕的事情發生？」

舉例 3.「某某先生／小姐，在你過去和現在的生活、工作或是家庭中，甚至到未來的時間裡，有什麼狀況會讓你擔心、恐懼甚至害怕的事情發生？你的負擔、責任和後果讓你不敢去想或者是很難做到的是什麼？」

創意行銷方式	實施方法
	1. 邀請客戶一起出遊，途中誠懇地進行調查討論。 2. 不定期舉辦客戶感恩會（將新客戶與ＶＩＰ客戶分開），與客戶進行意見交流或回饋。 3. 邀請客戶參加午餐會，或籌組特殊意義日子的聚會（譬如同一天結婚）。 4. 運用創意，設計一些沒有壓力，且客戶願意參與的活動，來聯繫彼此的感情，建立長久關係。例如，夏日水果樂。 5. 舉辦類似ＶＩＰ推薦積點活動或特殊回饋辦法，請客戶推薦、給對象發推薦函。 6. 規劃類似老客戶回娘家的活動（讓客戶願意開口說且真誠地表達），聆聽客戶的意見，滿足他們的需要，譬如建立每月的「來賓日」，邀請客戶主動談一談。

重點

1. 專注研究客戶的不滿，並追蹤改善。
2. 鼓勵客戶經常給予建議、推薦或幫忙建立口碑等等。
3. 用心觀察客戶的反應，並做成記錄。
4. 投入時間和精力，檢討過去，評估為客戶所做的一切，包括策劃活動、聚會等。

2 銷售，一點都不難

若問一些頂尖的業務員：「你業績為什麼這麼好?你是怎麼跟客戶交談，而爭取到保單的？」他可能會說：「很簡單啊，我是怎麼怎麼講的……」這時你一定會想，為什麼他可以這樣講，我卻講不出來；或者，為什麼他可以講得這麼自然；為什麼他想得到這些，我卻想不到。

對此，我可以很明確地說，平時我們可能學了很多東西，但這些東西不見得可以幫助我們，讓我們和他人溝通到心理需求層次的問題。

舉個例子，到商場去買東西時，如果售貨員滔滔不絕地跑來介紹產品，吹噓它有多好多好，你一定感覺很煩人。我想大家喜歡的都是，需要問問題時，售貨員再過來，否則就離自己遠一點。

所以，一位頂尖業務員的高招，就是永遠都先和客戶保持一定的距離，然後透過察顏觀色，根據客戶的動作，去猜想他的想法，在適當的時候提出建議。因為他有很多經驗法則，所以可以做到恰如其分。但如果要他總結出一套規則來，那會是很難的事情。換句話說，根本無法傳承。

總之，請記住，要和別人產生互動，需要看所謂的心理層次，根據對方所在的層次，和他講合適的話。如此一來，很快就能掌握到銷售技巧，進而創造出好業績。

瞭解風險，捉住銷售契機

很多人都認為，投機就等於投資，就等於獲利。例如股票，你認為是投資還是投機？很多玩短線的人認為自己做這件事情會有風險，從他的角度看，投機就等於投資。但，投資對一般人來說，其實是等於獲利。

要釐清這個觀念，就得和客戶說清楚，投資的首要問題其實是安全。只有安全，才有機會獲利。但很多人並沒有意識到這一點。

和客戶談投資型保單（U-link）、談基金的配置時，你談的是投資，還是理財？這點必須要釐清。從這個思路是否可以衍生出：理財等於投資？或者倒過來，投資是否等於理財？請先弄清楚，理財不是投資，但投資會是理財的其中一項；你在與客戶交談的時候，是否把這件事情和客戶說清楚，讓客戶知道，他現在在做的是理財還是投資？是投資優先，還是理財優先？

如果理財不等於投資，那理財等於什麼？這是一個很通俗、很生活化的問題。這樣的問題你是否問過客戶？還是直接把答案丟給他？請記住，兩種做法，結果是不同的。直接給答案會讓客戶覺得：「因為你正在銷售，所以你給我很多答案，讓我覺得你的話都是對的」；但是，如果你讓客戶自己去思考這些簡單的問題，就會變成不是在推銷，而是在幫客戶反省自己。

請大家試著思考一下，剛才所講的這些話，會呈現出怎樣的一幅畫面。

我個人比較習慣用這種問答的方式去引導客戶進入思考，當他想不出答案的時候，我就可以提醒他：是不是這個答案？這樣的做法與直接給客戶答案，是明顯不同的。如果一個業務員一直在推銷，過程中，客戶或許會認同他所說的話，可是到最後，每當提到「每個月只要一萬塊，就可以……」的時候，客戶還是很難把錢掏出來。你有沒有想過，為什麼前面講得很有道理，一到簽保單的時候，就會變成這樣？那是因為，雖然客戶覺得你講得很有道理，還是會認為付這些錢，叫做花錢。

在銷售上很奇怪的一點是，如果你和客戶探討的問題是：「你覺得理財是什麼？是不是等於投資？」「投資是不是理財？」這樣問，一下子就會把客戶搞暈，所以我們需要把問題先理清楚一點。

人生責任／收入曲線圖

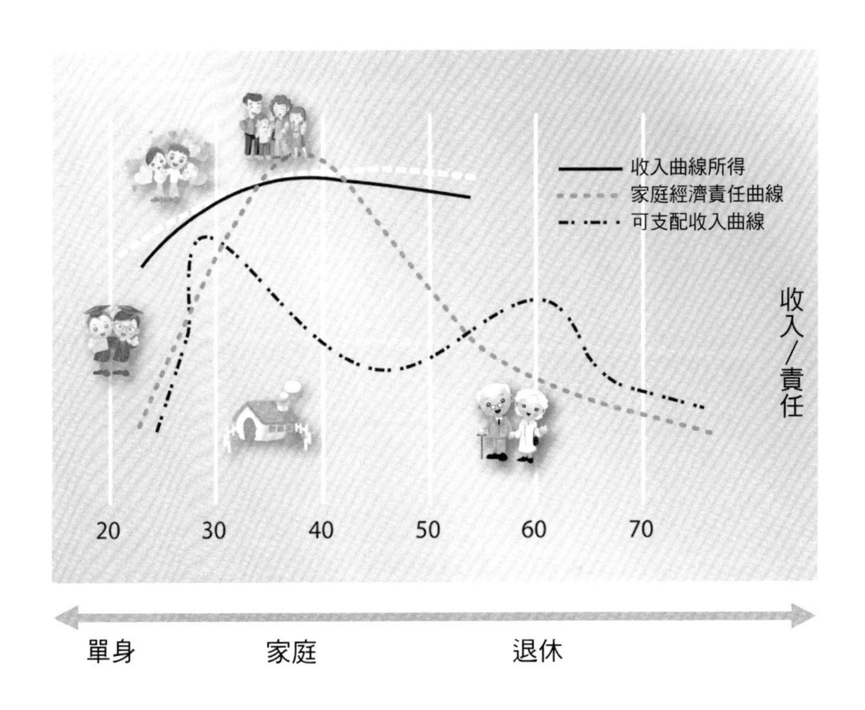

從上圖中，我們可以延伸出許多問題。我們看純粹的風險問題，對客戶來說，客戶到底能否負擔純粹的風險，或者該說他所面臨的純粹風險有哪些？這些都不能僅從字面上去理解，因為從這樣一個簡單的議題，就可以衍生出很多問題。而這些簡單的問題需要自己先搞清楚，才可以做推銷和銷售的工作，才可以向客戶提問。切記，如果你只是一直說「來打個建議書吧」，產生出來的結果絕對很不理想。

銷售法則

四不	・不要急著做銷售行為。 ・不要推銷保險的好處，而要著重在客戶需要什麼幫助。 ・不要做推銷流程以外的事。 ・不要滔滔不絕的說明，要懂得運用觀察、聆聽、發問三部曲。
一沒有	・沒有推薦就沒有成功的機會。

除此之外，還有第二個問題：風險是什麼？該如何用通俗白話的方式告訴客戶，何謂保險，又有什麼樣的風險？

險種的分配和保險的架構有關係。保險不應該只是從建議書的保險成本、增額、現金價值等來看，如果這麼簡單，每個銷售員都做得到（可是客戶未必看得懂，或者根本懶得去看）。自己需要先瞭解的反而是，從簡單的例子就能知道，保險是如何裁減、精算出來的。因此，只要清楚一些保險的架構，看一下同類商品和條款，再簡單畫個圖，就可以明白自己賣的是何種保險。

換句話說，簡單的東西可以望文生義，清楚知道該怎樣為客戶規劃；或者知己知彼，先快速掌握同業賣什麼產品，從而知道自己可以怎樣打動客戶，再用最貼切的言語去告訴客戶，讓他贊同，進而達成銷售的目的。

至於保險費，簡單來說，就是純保險費和附加保險費相加所得的金額。純保險費又分為死亡保費和生存保費。佣金就是從這裏來的。左圖中的圓柱體就是保險費，每年所

保險費的結構

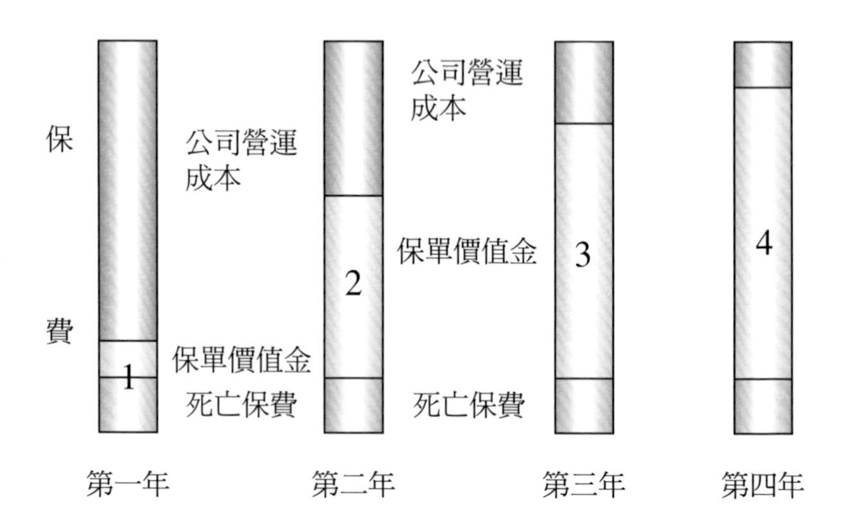

解約金：1＋2＋3＋4＋...

保單紅利：死差＋利差＋費差

繳的金額固定，可分成三等分，最上層叫做「公司營運成本」。

保險公司獲利有三種盈餘：死差益、利差益、費差益，其中死差益和利差益組成保單紅利。保險公司的盈利來源，就是從公司的營運成本上預估而來的。我必須強調，圖中會有一個預估值，表示保險公司實際本身營運成本和實收營運費用之間的差異。

第二，死亡保費。它基本上屬於自然保費的一種。比如一個三十歲的男性，死亡率大概是千分之三，三十五歲可能是千分之四，按照這個邏輯以及預估值，在死亡保費的提撥應該都是固定的情況下，就產生了不同的預估值落差問題，這麼一來，就可以清楚看到獲利和損失。不過，保單價值金會隨年齡增加，從圖表就可以清楚看到公司營運成本的佣金不斷下降。

話說回來，這個結構和銷售有什麼關係呢？關係可大了。從這裏，我們可以很清楚地告訴客戶，他的解約金是1+2+3+4等，以此類推，不需要告訴他很多學理，就能清楚解釋解約金的來源。在沒有說明之前，客戶會想，解約金是怎麼回事？我不是給了錢，為什麼拿回來的這麼少？畫這張圓柱圖能省去解釋的時間與麻煩，其顯示把成本和死亡保費扣掉，剩下的錢往上加就是了，清楚又明白。

如此一來，客戶會覺得你很專業，對你產生信任，而獲一石二鳥之功。

至於紅利如何計算？首先讓我們來看所謂的強制分紅保單。強制分紅保單是指營運成本＋保單價值金＋預估死差，再乘上保險公司在保單上要給的利息百分比。如果是分紅保單，保險公司依據資金運用收益率盈餘契約內容，紅利準備可將七〇％分給客戶。基本上，就是要從保單的價值加了以後，再加上當年度，經過董事會同意，今天獲利可分得七〇％給客戶。所以，它的結構是要從這裡相加，再加利息。當然，還有一種是不分紅保單，保費相對而言比較便宜。

如果先瞭解字面上的意義，再回頭談保險的架構，就不會有很大的問題。例如，你的定期險，固定領回年金型的終身險也是和這個結構一樣。如果把這些錢先提撥了，所以它的保費就會往上提高。

請注意，你是否可以用這樣簡單的四個圓柱體，以這個結構為基礎，為日後的保戶服務，透過解說，解決可能產生的諸多「專業性」問題，而不是把解約的條款，逐字逐字念給客戶聽。

臨時起意的拜訪

千萬別說	1. 我剛好經過你這裡，所以就……。 2. 我剛好取消一個約會，所以就……。 3. 因為總是沒辦法和你本人約談，只好……。 4. 因為我把你的電話弄丟了，所以只好就……。
請試著說	1. 我知道你很忙，想說不如來等待機會看看……。 2. 也許這樣的見面你不太喜歡，我只是想讓你……。 3. 我是想先做非正式的拜訪，了解你真正的需求再做正式的約談，才能避免浪費你寶貴的時間。

平時可以引起客戶興趣的話術

1. 有沒有一些生活上的難題是你一直擔心的？
2. 有沒有一直放在心裡想解決又沒有能力處理的事？
3. 有沒有任何你關心，但平常會忽略的事情？
4. 還有嗎？為什麼？

突破銷售困境

每天不斷重複相同的工作，業績卻沒有明顯起色，尤其是自覺新客戶越來越少，舊客戶的忠誠度又越來越差，收入不穩定；每天在沒有生產力的事務性工作上用掉太多時間，花在陌生拜訪的時間又很多時，想想看，如果繼續按照目前的銷售模式，你成功的機會有多少？業績又從何而來呢？

遇到這種情況該怎麼做？首先，必須明確地將客戶分類，做好分類調查，包括開發新客戶、原客戶再開發、原客戶未開發、失聯客戶的流失等（如次頁圖示），你會赫然發現，原客戶未開發的數量，竟是這麼多，那該怎麼做才能扭轉劣勢呢？

請先記住，你的個人特質、技巧和能力都將影響顧客關係的建立，因此你必須先建立好下述的觀念和態度：

1. 擁有正面的態度、良好的人際互動技巧和專業技能。如此一來，可建立長遠的顧客關係，增進客戶對你的忠誠度和信任感，進而協助你增加銷售額。
2. 有耐心且彬彬有禮、傾聽客戶的聲音。感同身受地回應客戶所說的話時，記得使用「請」、「謝謝」及其他禮貌用語。
3. 對客戶所提出的要求，要快速回應。瞭解公司，並能辨別客戶的需要，甚至能超越客戶的期望。
4. 建立每一次會面的和諧氣氛。陳述事實時，必須快速且完整地解決問題。務必做到允諾客戶的事情，不但要做到，而且要準時；若不知道問題的答案，請告訴客

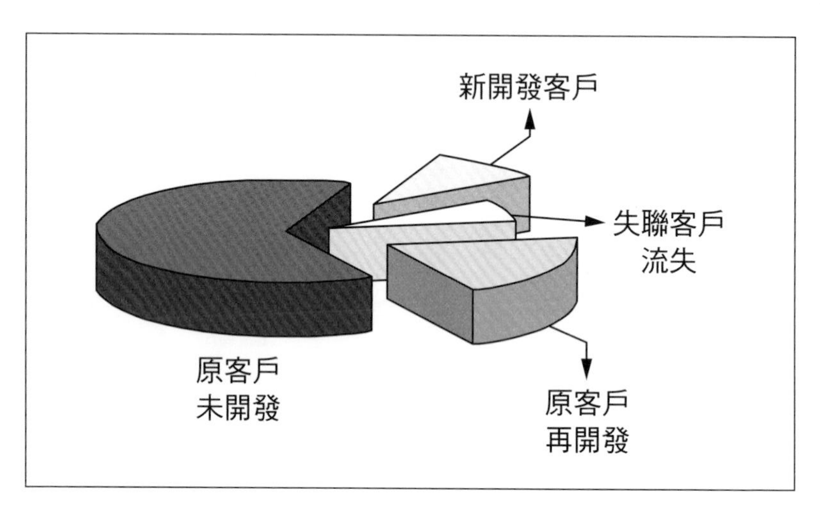

客戶群

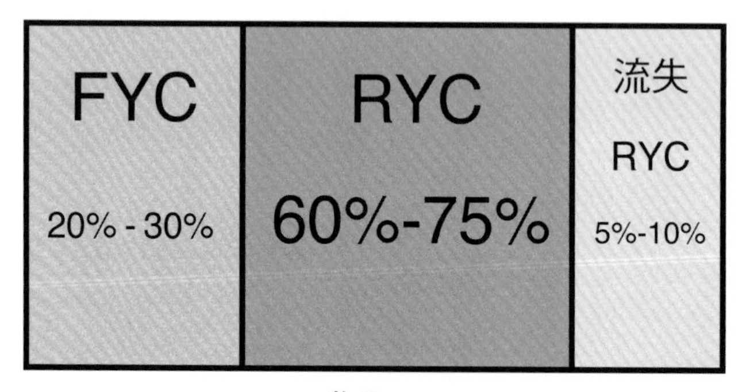

收入

上表所示為本人統計與分析自己直轄業務員十年的收入表所得到的數字。

戶，會研議後再與他聯絡；當不確定自己的建議可以解決問題時，切勿隨便承諾，但請對客戶解釋該建議是最好的方案。

除此之外，在與客戶相處時，記得要依客戶不同，隨時調整談話內容。只要仔細觀察對方的思維、行事作風，就可以找到重要的線索，進而建立密切的關係。

一般而言，人的個性可分成四種類型：

和藹可親型（Amiable Personality）：

為人友善且易於相處。喜歡先建立關係再進行交易，富有同情心、善於傾聽，也較願意分享他們的想法和感覺，個性較外向。建議交易前先與他們閒聊，再說明公司產品符合其需要。同時，記得他們在意別人的想法，故可提供別人的經驗供其參考。

感情豐富型（Expressive Personality）：

為人外向，富創造力、熱情、喜好歡樂，喜歡他人注意自己，較自我中心，少傾聽。因此，在正式交易前，最好先花一些時間與他們交際，而且提到交易時，請把握重點，因為他們只看大概，不管細節。可運用大膽的顏色及照片，讓介紹變得好玩又刺激。並強調誰用了就能解決問題。

分析熟慮型（Analytical Personality）：

需要所有資訊來做決策，屬於細節導向型，要求精確，且需時間去做理性決策。這種人較內向，在意自己的感覺、想法和動機，而非他人的，也較不會與他人分享想法和感覺，認為交易就是交易，不注重社交。因此，只要直接且有組織地提供事實，強調產品如何解決問題即可。

領袖型（Drive Personality）：

遇到這類的人，請把他們當主管看待。因為他們屬於行動派，只要依循他們的目標做事、注意他們的要求，並立即解決、迅速做出決定即可。總之，他們是屬於強烈要求，並找出解決之道的人，不需花時間建立關係。因此，必須對他們展現明快且專業的態度，迅速把握重點，直接討論利益及結果，強調解決他們問題的產品或服務為何。

依顧客風格來調整溝通方式，將使銷售更加順利，並可在愉快的氣氛中強化彼此的關係，有效提升業績。在此同時，也要注意「超越期待」（Exceed Expectations），換句話說，在與客戶相處的過程中，不要讓客戶產生不可能實現或不合理、不合宜的期待，也不要提供客戶不需要、突兀、不搭調，或者畫蛇添足的服務；另一種「超越期待」，則是讓客戶得到比預想中能得到的更多更大、更好、更快的效益，並且是客戶認為有附加價值的驚喜。

總之，我們必須了解客戶基本上的合理期待，才能「超越期待」。

另外，在面對客戶的抱怨時，要有化危機為轉機的正面思考能量。只有表現出想積極解決問題的態度，客戶才會原諒你、原諒公司，並轉而支持你。記得當客戶抱怨時，即便問題的原因不在你，也要承擔下來，想辦法解決，舒緩客戶因此產生的負面情緒。因為大多數人並不會直接向公司抱怨，只是想和他人分享自己的心情而已。這時，你所要做的，就是在他拚命抱怨時專心傾聽，掌握有價值的資訊，並將問題矯正、改進。

持續不斷的銷售方法

1. 維持客戶關係
2. 超越客戶的期待
3. 進行不同的開發模式
4. 了解自己的定位與價值
5. 做專注、有效的省思

把話說清楚

很多人都會忽略保險契約法裡的「內容」，從而引發一些不必要的誤解，在此，讓我們來談談保險契約中應注意事項。它可以引申出很多專業的東西，譬如民法，民法之間債權債務的關係，還可以看到信託規劃，以及遺產的贈與關係。股東互保也和這些有關。只要透徹地瞭解它的內容，看到契約就不會覺得陌生，就會知道誰是要保人，誰是受益人，受益人和繼承、信託有什麼關係。

把保險裡的內容了解清楚後，進一步再把法律的事項一併通盤瞭解，將對銷售有很大的助益。它所引申出來的民法、信託、遺贈稅法等等，及彼此產生的締結關係，其實都是環環相扣的，其可依實際遇到的情況再分別加以解說。

此外，還要根據不同的客戶群，進行不同的說明。如果客戶是個雇主，想想自己需要與他聊哪些專業的內容？如果是受雇人或股東，又該談些什麼？契約的要保人、受益人、約定、制定、法定，與他們有什麼關係？只要把上述內容引申出來，做一個歸納，就可以瞭解了。

你是否問過客戶想要怎麼買保險？或者告訴客戶要如何規劃保險？通常我與客戶長談之後，都會和客戶說：「我今天來拜訪你，並不是想向你推銷保險，而是想和你聊一聊你常常會擔心的事情。這樣你才會知道，你想買保險或者進行保險規劃的時候，該怎麼買。」

我的銷售法則是，讓客戶自行規劃保單，決定權由他自己提出。如此一來，你在銷售的時候，就沒有FYP和FYC的問題，只有客戶要買多少的問題了。

333的結構，每個環節都不馬虎

常常有人問我什麼是「333銷售」，現在我告訴你，其實就是去了解什麼是保險？保險有三樣東西，缺一不可，即壽險、醫療險、意外險。如果沒有特別強調這三樣缺一不可，客戶可能就會說，他只要醫療險、意外險，或退休規劃。分開來講，意外險、醫療險、壽險，三者都只是一個產品，但我要講的是一個全面的觀念。

什麼叫壽險？其實壽險很簡單。人一輩子只會遇到三種情況：一、走得太早；二、活得很久；三、要走不走。

這三種情況，我們分別要怎樣解決？客戶最擔心的又是哪種情況？一般來說，擔心「要走不走」的人最多。之所以會最擔心這種情況，主要是因為會給家人造成負擔，而負擔是什麼，其實就是錢！在這種情況下，需要錢、需要別人照顧，但是當事人當然不願意給家人造成負擔，因為他們深愛家人。這是從底層的角度來看。

所以我們可以告訴客戶：「你之所以擔心，是因為你愛家人，不想造成他們的負擔。」至於發生那些狀況，會產生這種負擔？有可能是變成植物人、中風、半身不遂或發生車禍。

我們可以算一下，如果發生上述情況，你和家人要承擔多久？比如癌症，它的存活率平均為五年。這五年的時間，可能讓我們暫時停止工作，甚至無法再繼續工作，因為需要療養。這時，你要自己承擔，還是要別人，要保險公司來為你承擔？這就是壽險。

假設你現在月薪五萬，一年就是六十萬，五年則是三百萬。這筆費用，要由保險公司獨力承擔，還是你與保險公司部分承擔？你提出這樣的問題，客戶就會自己去算。但請注意，這三百萬是用客戶自己的情況算來的，所以他最多只會買到三百萬，畢竟他的收入就是那麼多。這時，假設三百萬的重大疾病，保費就是十萬。再次強調，這三百萬是由客戶自己決定，而不是由銷售員決定的，我們只能告訴客戶保險要怎麼買而已。

再說到「走得太早」，就是「擔心自己不在的時候，會把負債留給家人」。

業務員可以針對三種情況，給一個定義，分別解釋給客戶聽，讓客戶選擇自己需要的。要計算走得太早的保額，有三種方法：一、五年的薪資補償計算。若是以上述五萬元為例，一年六十萬，五年三百萬；二、從生活支出來算。假設每月三萬元，每年三十六萬，二十年就是七百二十萬；三、用財務需求法算。即以現在的收入，去算你後面的殘餘年齡，死亡年齡。如果小孩只有五歲，到大學畢業還有十七年，五乘一七，八百五十萬。如果你是客戶，你會選擇上面的哪一個?通常客戶會選擇最低的三百萬保障，而不是業務員常假設的客戶只想購買多少保險的額度。

不管怎麼說，客戶自己挑出來的就是不一樣。

至於「活得很久」，則是「擔心未來的生活，必須自求多福」。按照你的退休年齡、退休金提領的時間計算。我告訴客戶，從現在工作期間到退休為止，有兩個因素要互相抵消。一、通貨膨脹，它是生活無形的壓力，因為物價上漲，本金就會下降；二、利息會不斷增加。所以我們完全不知道未來時間因素所帶來的數字變化有多少，也就是說通貨膨脹和利息的數字是無法預估的。

利息和通貨膨脹並非我們可以控制。如果你現在三十歲，工作到六十歲退休，將來活到八十歲，也就是說，前面三十年所賺的錢要拿到後面二十年花。假設每個月花三萬，二十年二四〇個月，就是七百二十萬。七百二十除以前面的三〇年再除以十二個月，每個月就是兩萬。所以，如果你現在每個月存兩萬，將來退休，每個月就有三萬可以花。前提是把通貨膨脹和利率的因素排除在外。

所以，從數字去找商品，就會有保額出來，而保額出來後，就會知道保費多少。

至於壽險是保障，是儲蓄，還是投資？這就是另外的問題了。先前講的是保險的意義，保險的功能則是什麼商品會得出什麼數字，能解決什麼問題。我一直避免和客戶談功能，因為從意義的角度去談，比較容易感動人。

剛才所講的壽險共有三種，每一種的計算方式都是從三種中挑選一種。意外險也有三種：身故、殘廢、跌打損傷。殘廢最直接影響到的，就是療養和生活所需的費用。因為這個原因，可能會造成暫時的留職停薪，甚至永遠不能工作。所以，我現在談的還是意義，是它會造成什麼影響。目前殘廢表為十一級，共有七十五項。所以，我們根據殘廢等級級數，讓客戶初步了解殘廢各項等級對我們生活有什麼影響。

殘廢程度與保險金給付表

項　目		項次	殘廢程度	殘廢等級	給付比例
1. 神經	神經障害	1-1-1	中樞神經系統機能遺存極度障害，終身不能從事任何工作，經常需醫療護理或專人周密照護者。	1	100%
		1-1-2	中樞神經系統機能之病變，致終身不能從事任何工作，日常生活需人扶助者。	2	90%
		1-1-3	中樞神經系統機能遺存顯著障害，終身不能從事任何工作，且日常生活尚能自理者。	3	80%
		1-1-4	中樞神經系統機能遺存顯著障害，終身祇能從事輕便工作者。	7	40%

項目		項次	殘廢程度	殘廢等級	給付比例
2. 眼	視力障害	2-1-1	雙目均失明者。	1	100%
		2-1-2	雙目視力減退至 0.06 以下者。	5	60%
		2-1-3	雙目視力減退至 0.1 以下者。	7	40%
		2-1-4	一目失明，他目視力減退至 0.06 以下者。	4	70%
		2-1-5	一目失明，他目視力減退至 0.1 以下者。	6	50%
		2-1-6	一目失明者。	7	40%
3. 耳	聽覺障害	3-1-1	兩耳鼓膜全部缺損或聽覺機能喪失九〇分貝以上者。	5	60%
		3-1-2	兩耳聽覺機能喪失七〇分貝以上者。	7	40%
4. 鼻	缺損及機能障害	4-1-1	鼻部缺損，致其機能永久遺存顯著障害者。	9	20%

項　目		項次	殘廢程度	殘廢等級	給付比例
5. 口	咀嚼吞嚥及言語機能障害	5-1-1	永久喪失咀嚼、吞嚥或言語之機能者。	1	100%
		5-1-2	咀嚼、吞嚥及言語之機能永久遺存顯著障害者。	5	60%
		5-1-3	咀嚼、吞嚥或言語構音之機能永久遺存顯著障害者。	7	40%
6. 胸腹部臟器	胸腹部臟器機能障害	6-1-1	胸腹部臟器機能遺存極度障害，終身不能從事任何工作，經常需要醫療護理或專人周密照護者。	1	100%
		6-1-2	胸腹部臟器機能遺存高度障害，終身不能從事任何工作，且日常生活需人扶助者。	2	90%
		6-1-3	胸腹部臟器機能遺存顯著障害，終身不能從事任何工作，但日常生活尚可自理者。	3	80%
		6-1-4	胸腹部臟器機能遺存顯著障害，終身祇能從事輕便工作者。	7	40%

項　目		項次	殘廢程度	殘廢等級	給付比例
6. 胸腹部臟器	臟器切除	6-2-1	切除主要臟器者。	9	20%
	膀胱機能障害	6-3-1	膀胱機能永久完全喪失者。	3	80%
7. 軀幹	脊柱運動障害	7-1-1	脊柱永久遺存顯著運動障害者。	7	40%
8. 上肢	上肢缺損障害	8-1-1	兩上肢腕關節缺失者。	1	100%
		8-1-2	一上肢肩、肘及腕關節中，有二大關節以上缺失者。	5	60%
		8-1-3	一上肢腕關節缺失者。	6	50%
	手指缺損障害	8-2-1	雙手十指均缺失者。	3	80%
		8-2-2	雙手兩拇指均缺失者。	3	40%
		8-2-3	一手五指均缺失者。	7	40%
		8-2-4	一手拇指、食指及其他任何手指共有四指缺失者。	7	40%
		8-2-5	一手拇指及食指缺失者。	8	30%

項　目		項次	殘廢程度	殘廢等級	給付比例
8. 上肢	手指缺損障害	8-2-6	一手拇指或食指及其他任何手指共有三指以上缺失者。	8	30%
		8-2-7	一手拇指及其他任何手指共有二指缺失者。	9	20%
		8-2-8	一手拇指、一手食指或一手拇指及食指以外之任何手指共有二指缺失者。	11	5%
	上肢機能障害	8-3-1	兩上肢肩、肘及腕關節均永久喪失機能者。	2	90%
		8-3-2	兩上肢肩、肘及腕關節中，各有二大關節永久喪失機能者。	3	80%
		8-3-3	兩上肢肩、肘及腕關節中，各有一大關節永久喪失機能者。	6	50%
		8-3-4	一上肢肩、肘及腕關節永久喪失機能者。	6	50%
		8-3-5	一上肢肩、肘及腕關節中，有二大關節永久喪失機能者。	7	40%

項　目		項次	殘廢程度	殘廢等級	給付比例
8. 上肢	上肢機能障害	8-3-6	一上肢肩、肘及腕關節中，有一大關節永久喪失機能者。	8	30%
		8-3-7	兩上肢肩、肘及腕關節均永久遺存顯著運動障害者。	4	70%
		8-3-8	兩上肢肩、肘及腕關節中，各有二大關節永久遺存顯著運動障害者。	5	60%
		8-3-9	兩上肢肩、肘及腕關節中，各有一大關節永久遺存顯著運動障害者。	7	40%
		8-3-10	一上肢肩、肘及腕關節永久遺存顯著運動障害者。	7	40%
		8-3-11	一上肢肩、肘及腕關節中，有二大關節永久遺存顯著運動障害者。	8	30%
		8-3-12	兩上肢肩、肘及腕關節均永久遺存運動障害者。	6	50%
		8-3-13	一上肢肩、肘及腕關節永久遺存運動障害者。	9	20%

項目		項次	殘廢程度	殘廢等級	給付比例
8. 上肢	手指機能障害	8-4-1	雙手十指均永久喪失機能者。	5	60%
		8-4-2	雙手兩拇指均永久喪失機能者。	8	30%
		8-4-3	一手五指均永久喪失機能者。	8	30%
		8-4-4	一手拇指、食指及其他任何手指，共有四指永久喪失機能者。	8	30%
		8-4-5	一手拇指及食指永久喪失機能者。	11	5%
		8-4-6	一手含拇指及食指，有三指以上之機能永久完全喪失者。	9	20%
		8-4-7	一手拇指或食指及其他任何手指，共有三指以上永久喪失機能者。	10	10%

項　目		項次	殘廢程度	殘廢等級	給付比例
9. 下肢	下肢缺損障害	9-1-1	兩下肢足踝關節缺失者。	1	100%
		9-1-2	一下肢髖、膝及足踝關節中，有二大關節以上缺失者。	5	60%
		9-1-3	一下肢足踝關節缺失者。	6	50%
	縮短障害	9-2-1	一下肢永久縮短五公分以上者。	7	40%
	足趾缺損障害	9-3-1	雙足十趾均缺失者。	5	60%
		9-3-2	一足五趾均缺失者。	7	40%
	下肢機能障害	9-4-1	兩下肢髖、膝及足踝關節均永久喪失機能者。	2	90%
		9-4-2	兩下肢髖、膝及足踝關節中，各有二大關節永久喪失機能者。	3	80%
		9-4-3	兩下肢髖、膝及足踝關節中，各有一大關節永久喪失機能者。	6	50%

項　目		項次	殘廢程度	殘廢等級	給付比例
9. 下肢	下肢機能障害	9-4-4	一下肢髖、膝及足踝關節永久喪失機能者。	6	50%
		9-4-5	一下肢髖、膝及足踝關節中，有二大關節永久喪失機能者。	7	40%
		9-4-6	一下肢髖、膝及足踝關節中，有一大關節永久喪失機能者。	8	30%
		9-4-7	兩下肢髖、膝及足踝關節均永久遺存顯著運動障害者。	4	70%
		9-4-8	兩下肢髖、膝及足踝關節中，各有二大關節永久遺存顯著運動障害者。	5	60%
		9-4-9	兩下肢髖、膝及足踝關節中，各有一大關節永久遺存顯著運動障害者。	7	40%
		9-4-10	一下肢髖、膝及足踝關節遺存永久顯著運動障害者。	7	40%

項　目		項次	殘廢程度	殘廢等級	給付比例
9. 下肢	下肢機能障害	9-4-11	一下肢髖、膝及足踝關節中，有二大關節永久遺存顯著運動障害者。	8	30%
		9-4-12	兩下肢髖、膝及足踝關節均永久遺存運動障害者。	6	50%
		9-4-13	一下肢髖、膝及足踝關節永久遺存運動障害者。	9	20%
	足趾機能障害	9-5-1	雙足十趾均永久喪失機能者。	7	40%
		9-5-2	一足五趾均永久喪失機能者。	9	20%

上下肢關節及手、足骨圖示

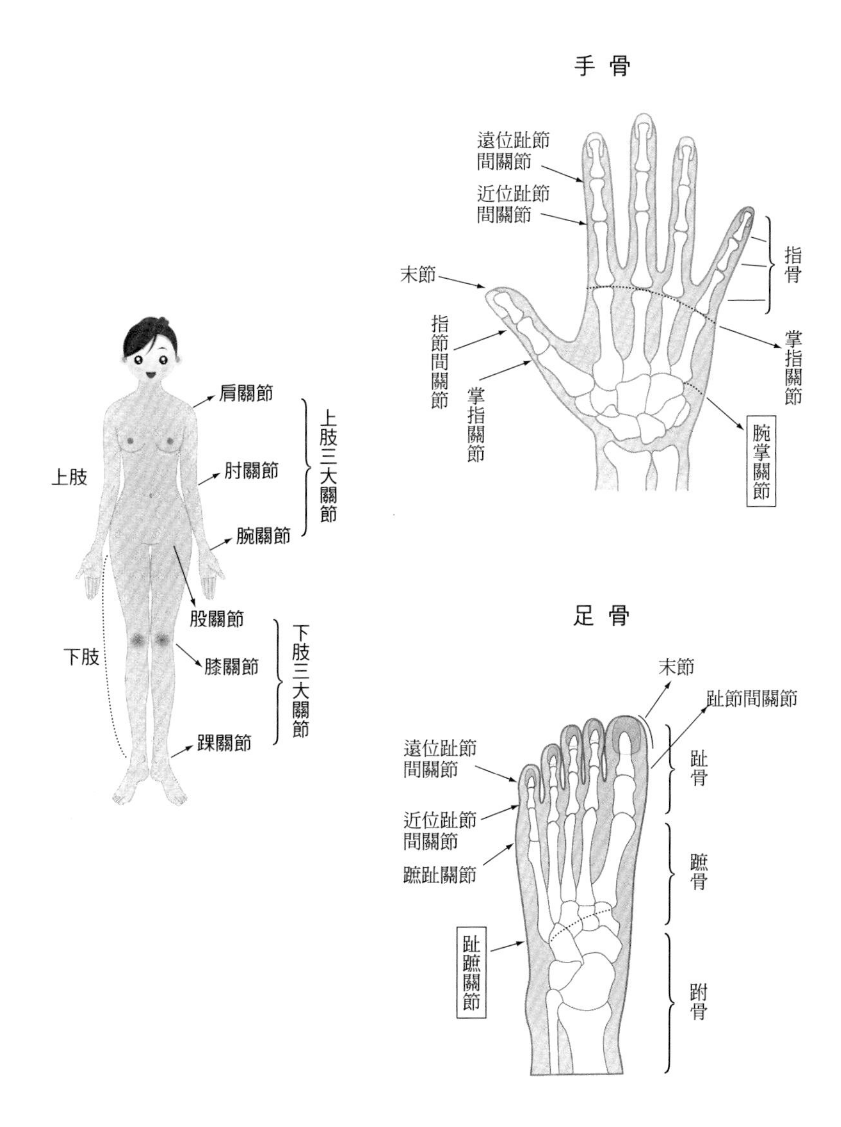

上肢缺損障害之殘廢程度圖示

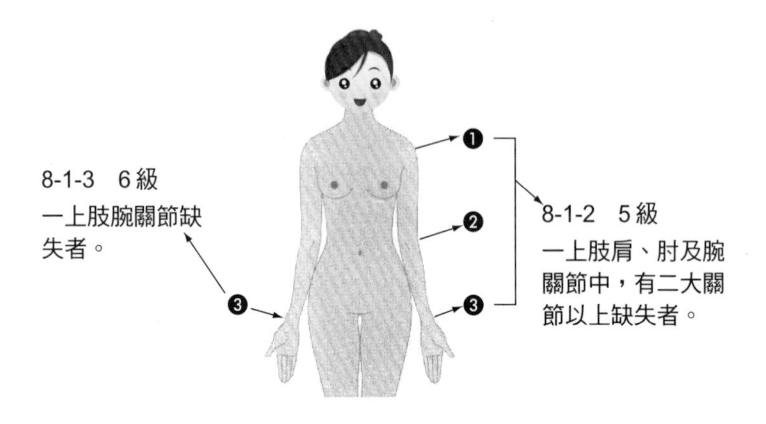

上肢機能障害之殘廢程度圖示

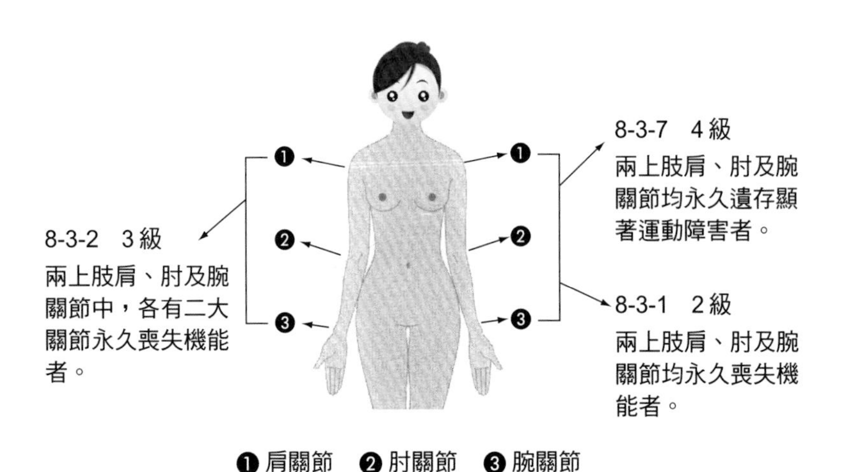

手指機能障害之殘廢程度圖示

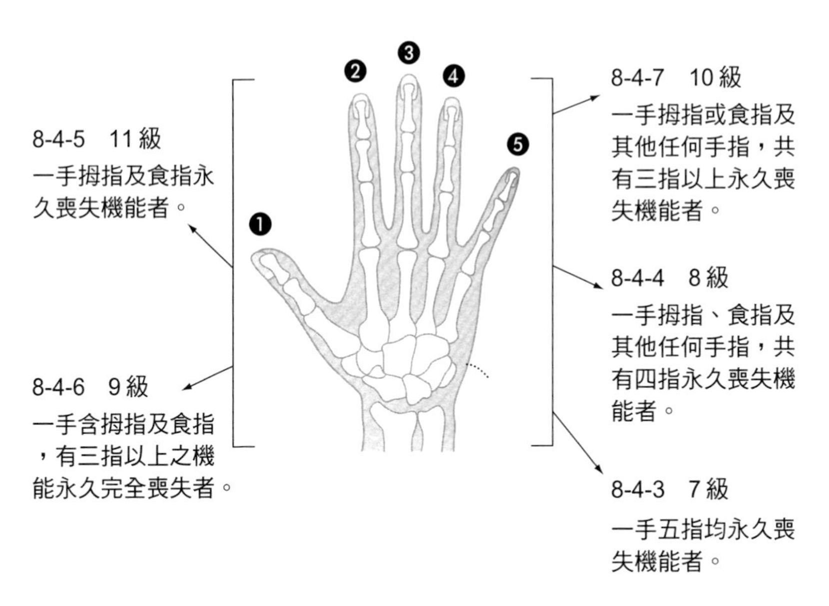

❶拇指　❷食指　❸中指　❹無名指　❺小指

殘廢的另一個定義，叫做永久失去功能，並不是失去該器官才叫殘廢。最低和最高級別只是在定義殘廢的受傷程度或者機能喪失的程度，從最小的十一級來看，如，一根拇指失去功能，它應該不會讓人永遠不能工作，但可能會暫時無法工作。

引導客戶思考時，可以問：「如果是三個指頭殘廢，你預估有多久暫時無法工作？」如果客戶答不知道，你可以進一步說明：「假設生理和心理的復健至少需要一年。如果你的月薪五萬，一年就是六十萬，保險公司就要給你六十萬，那你要買多少保額？」以第十級一〇％來計算，倒除回去就是六百萬，所以你的意外險要買六百萬。收入越高，殘廢的賠償就越多，就要花越多錢來買意外險。

那跌打損傷要買多少？我把住院和醫療放在一起講，全身上下，跌打損傷要花比較多費用的只有牙齒（舉兩個牙齒斷掉的例子加強解說）。牙齒上下四顆是在撞擊中最容易斷裂的，目前保險公司依據現況，每顆牙理賠五千元，五千乘以八，是四萬，再加上治療費就是五萬。若算得更精準一些，旁邊兩顆也需要做固定，上下一共十二顆，就是七萬。所以一般可以規劃五萬或者七、八萬的醫療額度。

綜合以上所述，三種壽險由客戶選擇一或二種類型；保額計算方式也有三種方式，讓客戶選擇；意外險也有三種，所以你有必要進一步闡述意外殘廢的重要性，以便讓客戶從中做選擇。這是一種與客戶互動的方式，把保險的意義和功能加進去，讓客戶選擇自己想要的，而不是由你推銷你想推銷的。

4 具備正確的心態

如果你舉的例子都是在講保險的功能，即保險能解決什麼，能彌補什麼損失。這些或許都沒有錯，但功能性的東西一般是不會打動客戶的，不會讓他們產生購買的欲望。因為這些功能大家都知道，例如微波爐的功能，就是把食物加熱。

我主要的訴求，是保險的意義，是它是否可以提高生活品質，是否可以降低風險。建議大家多收集小故事，必要時拿出來講。

關於保險的意義，每一個人都會有不同的說法。但是綜合大家的經驗，最後還是會偏向功能的角度去談。因為當你在談保險的時候，很自然的就會把商品的功能或建議書給客戶，接下來，就是向客戶解釋建議書上的內容，告訴客戶：「我幫你規劃了建議書，壽險保額是一百萬，意外險是三百萬，醫療險是……」其實這些內容客戶自己都看得懂，不需要你來解釋。

請注意，在溝通過程中，功能是相對簡單且容易接受到的資訊，意義並不大。所以必須時時提醒自己，要注意保險意義的重要性。

找回初衷

我看過一本書，書中作者說，他有一次在紐約一個下雪的清晨，和一個講師約五點半一起吃早飯。見面後，講師告訴他，自己現在在做哪些事，並和他分享工作上的一切成就，讓那位作者十分讚嘆。重點不在於那位講師的工作，而是他們見面的時間點。是早上的五點半，這時間談工作只說明一件事，就是那位講師對工作有異於常人的熱情。

後來，講師回了他一句：「我的成功真的很幸運，但是我很認真！」作者事後在書中寫道：你是否很認真地投入你的工作，還是只對你的工作很認真？這就好比我要大家仔細想想，自己從事保險工作，是只專注於推銷它的功能，還是去瞭解過保險的意義是什麼？相信一半以上的人，並沒有認真思考過這個問題。

我認為推銷時，真正可以成交的，往往在於「信任」兩字，而不是產品有多好。產品是一回事，公司的品牌是一回事，你的專業又是另外一回事。總之，其中一個很重要的中心主旨是，客戶有沒有感覺到你在關心他。

關心可以讓客戶對你產生信任，信任會產生認同，認同會產生滿意。滿意之後，就會產生對你的忠誠。所以，一個很重要的銷售精神是，能不能在一開始就把這樣一個簡單的想法落實在銷售工作中。

我這樣講，有些人可能還是不懂，但是有一點大家絕對知道，那就是自己有沒有認真地投入工作？有沒有思考過客戶為什麼會答應簽約？他的理由是什麼？對業務員來說，簽回保險單，當然是他的工作，但是站在客戶的立場，他並不是理所當然要買保險的。我們往往只知道要把東西推銷出去，而不去思考客戶為什麼要接受我們的推銷。我們比較不會站在客戶的立場去想客戶較可能接受什麼樣的話、什麼樣的方案、什麼樣的建議，然後願意掏錢出來。

推銷過程中，我們往往比較習慣把自己的想法傳達給客戶知道，而沒有去瞭解客戶是否真的明白我們所講的內容。

例如「保險是什麼？」當你問了這個問題，你可以觀察一下客戶的眼神。如果你是客戶，聽到業務員說這些話，會有什麼感覺？當然，我們比較少接觸意義方面的訓練，而常接觸有形數字或者文字上的訓練，所以往往不太會去思考對方有什麼想法。事實上，通過適當的訓練與課程的引導，有些東西是可以被激發出來的。

另一方面，我並不認為反問技巧是重要的銷售關鍵因素。

我有一個同事，他是公司訓練部的顧問，曾到臺北輔導過幾個單位。他發現大家反問的技巧都很好，但就是沒有客戶。可見我們學了這麼多，最後還是要回到「客戶困擾的問題是什麼」這樣基本的議題上。

我曾到南部上課，課堂上一共有一百二十個人，單位主管告訴我業務員上了很多課，但是每個人的業績都挺少的，行政作業的時間倒花很多。另一個問題是業績達成率低，平均收入也低，問題到底出現在哪裡？我問了幾個問題，主管也承認：一、客戶量不夠多。大家都要求拜訪量，但是大家都在打混仗，永遠都只拜訪死忠客戶，但是死忠客戶永遠都是那幾位。換句話說，沒有客戶，就沒有足夠的拜訪量，這是很基本的邏輯。

大家有沒有靜下心來，仔細想過，我們在推銷保險，而保險是什麼？

我在訓練新人時，都會要求他們寫一篇作文，主題是「我為什麼要從事保險工作？」。並要他們思考，如果把它當成作文給別人看，會不會讓人感動？無論是剛入行，還是已經從事一段時間，遇到挫折時，就可以回頭思考一下當初做保險的原因和動力。每當我的業務員遇到這種情況時，我都會把當初他寫的那篇文章給他看。

大家可以思考一下，當初為什麼會來做保險，保險這份工作到底有什麼意義？這是一個很深刻的問題。如果沒有思考過，就無法讓別人被你的熱情和認真所感動。銷售不僅是一個工作，也是對未來的一種期望。我們應該思考的是，這期望究竟是什麼？目前的工作是否可以達到這份期望。

任何行業都可以賺錢，只是賺多賺少的問題。但是如果基礎沒有打好，就很難有更好的成績。我在這個行業十幾年，看到很多人起起伏伏，或現在業績不錯，過了幾年就很難持續下去。除了要有很好的工作習慣之外，最重要的是，對這份工作的信念是否堅定。所以，我才會一直提問：保險到底是什麼？

【顧客買東西的原因】：

■業務員方面

- 喜歡我的業務員
- 相信我的業務員所說的話
- 對我的業務員有信心
- 信賴我的業務員
- 跟我的業務員相處，覺得很自在
- 可以感覺到我的業務員為了贏得銷售，努力地幫我建立事業和達成願景，他／她對我來說，是個有價值的資源

■產品價值方面

- 我知道自己買了些什麼
- 我感受到跟這個人及這家公司買東西，與其他人及其他公司買有所不同
- 我能感受到我買的東西有價值
- 覺得她／他的產品或服務切合我的需求
- 價錢不一定最低，但是服務讓我覺得有價值
- 我意識到這個產品或服務能增加我的生活品質

掌握每天歸零的訣竅

美國的拿破崙·喜爾基金會（Napoleon Hill Foundation）曾以美國黑人為題材，出版了一本書，名叫《思考致富——一位黑人的選擇》，書中提到許多黑人團體領袖的故事，而成為激勵少數民族業務員成功的範本。其中，有位著名人物——阿羅梭·賀丹，在七歲以前是名奴隸，直到美國南北戰爭結束才獲得自由。在他從事讓他致富的理髮師行業

之前，做過許多類型的工作，比如種田和做花生推銷員。直到一八八〇年搬到亞特蘭大，他才因為努力工作，擁有一家裝潢著大理石地板和水晶吊燈的豪華理髮院。這家理髮院在亞特蘭大的主要商店街上，是唯一的一家由黑人所開設的店。

之後，賀丹在不動產上又賺了許多錢，最後成為首要街區的地主。不久，他看到另一個商機——人壽保險。在那個時代，黑人要買保險，是件非常困難的事，他便自己開一家公司，讓黑人也可以買到保險。他的保險公司業務員包括一些無法在白人公司工作的年輕大學畢業生。

他的公司在一九〇五年剛開幕時，僅擁有一間辦公室，到一九一一年已擁有七萬名保戶，到現在則成為當地有名的亞特蘭大人壽保險公司，資產超過一億三千五百萬美元。

從無到有、隨時歸零的心情，正是賀丹成功的原因；他對工作永遠保持熱情，讓自己在每樣工作中尋找價值，更是他贏得尊敬的主因。有位從基層業務員做起的媒體大亨，曾說過三個和「歸零」有關的故事：

年輕時，為了惕勵自己，他把公司電腦顯示的業績都設為「0」。每天到辦公室打開電腦，看見這個「0」，他就會馬上提起精神開始打電話、拜訪客戶、應酬喝酒，忙到深夜。到辦公室，電腦上的業績顯示夠了，他才關上電腦，在深深的夜色中回到租來的小房間洗澡、休息。隔天到辦公室坐下來打開電腦，業績又會歸零，一切重新開始，他再度拿起電話開始打，重複著昨天做過的工作。這樣的生活日復一日，他的職位升遷得很緩慢，原因和每隔幾年就換一個新老闆有關。不過，他卻一點也不在乎。

他服務的公司是公家的，隨著擁有政治權力的人事不斷更替，新老闆不斷取代舊老闆，進駐還附設有床舖的大辦公室，然後將舊老闆逼到另外一間很小的辦公室。每當舊老闆開始注意這個小業務員的才華時，新老闆又來了，於是他的努力和表現又「歸零」。就這樣過了十幾年，他才慢慢爬上了業務經理的位子。

有一次，又要換新老闆，媒體迫不及待地報導新任各級主管的人選，弄得公司人心惶惶。新老闆帶著自己的一批班底過來，鮮花擺滿長長的走道。「那種感覺真像新殖民者來到殖民地一樣，我們這些天天辛勤工作的基層員工連想看殖民長官一眼，都難如登天。」回憶起那時的氣氛，他如是說。

身為公司最重要的業務經理，他仍苦苦等候了三天，才獲得十分鐘的接見，旁邊還有一個雙手放在後面不停看錶的隨從。後來媒體開放，這個天天歸零的業務經理便被民間企業挖角。在他離開這家民間企業時，公司才蓋成一棟全新的大樓，但他根本來不及享用，一切又「歸零」了。因為他自己開了一家連攝影棚都沒有的小公司。經過很長一段時間的努力，這家原本一無所有的小公司成了大公司，業績好到終於也要蓋自己的新大樓了。

不斷歸零，反而增強了他的專業能力，終於成就他未來的鴻圖大業。

從這件事上，你體會到什麼?在目前的服務業趨勢中，從單一服務到整合式服務、從客戶關係管理到終身交易服務，從定型化服務到量身訂做服務，行銷銷售上，呈現出更多樣化的買賣關係，但歸根究柢，所有問題依然在於如何制訂必勝的行銷策略，專注在服務的機會、業務的機會、終身交易的機會上，重新審視流程價值的銷售、願景的銷售、客戶整體利益的銷售。事實上，我們依然能為自己創造出更高的價值，尤其在銷售業績上。

面對當前保險市場的應對之道

■威脅：

1. 投保率居高。
2. 利率低，保費數次大幅調高，影響投保意願。
3. 經濟不景氣，失業率趨高，消費保守。
4. 銀行、保險公司等金融業，積極爭奪保險市場。
5. 各種低成本行銷方式影響業務員生計。

■機會：

1. 消費者投保的保額明顯不足。
2. 旅遊及保險市場極具開發價值。
3. 整體的金控下商品交叉銷售，可以增加客戶二次購買的機會。
4. 配合消費者生活各項計畫的觀念，給予適合風險規劃，未來發展空間大。

■優勢：

1. 擁有各項差異化銷售商品。
2. 擁有良好的人脈關係，建立良好口碑。
3. 金融產品推陳出新，活絡買方市場。
4. 消費者已能接受各項新資訊需求，提高銷售購買意願。
5. 業務員具備證照的專業能力，給予消費者購買信心。

■劣勢：

1. 業務員的推銷模式大部份仍是商品導向。
2. 業務員之間的競爭態勢，使得收入和活動量不成對比。
3. 整體公司教育訓練的平台和市場的訊息傳遞不對稱。
4. 多元金融產品影響業務員的保險認同度。
5. 多數業務員對保險規劃認知不清或信心不足。

5 務必牢記重要的訣竅

前文中述及，在投資、保險、理財中，許多人都欠缺所謂的風險概念。風險到底是什麼？簡單來說，就是一種現象，一種恐懼。風險不一定會發生，但是你會擔心它發生。所有廣告都是在賣恐懼、賣擔心。換言之，出現一個東西，就會有另一個東西來預防、取代它。

你能不能把恐懼和擔憂總結成一句話，讓別人覺得風險確實無所不在？例如，躺在醫院病床上的人，不一定是病患，可能只是去做健康檢查的。當然，這只是一種預測，我們不會知道什麼時候會發生意外、身體會出狀況，它只是一種風險。

請記得問問自己，我的工作是否可以解決這個問題，發問時，儘量用簡單易懂的方式。

確認每一個步驟

我們曾講到壽險和意外險，如果把壽險的主動權交給客戶，通常因為客戶與推銷員有互動，會認為保險是他自己想買的，不是一些簡單的資訊，僅僅只是他需要多少錢，或者你直接告訴他，你只要給多少錢，你就可以做哪些事；重要的是，在這個時間點，客戶也不知道自己為什麼要這樣做。當你接收到這樣的資訊時，要達成交易就很容易，也就不需要做太多確認了。

銷售的每一個步驟，都是在做確認。比如壽險，就有三種需要讓客戶確認，在這三種中，讓他選擇其中一種。（有時可以私下與同事相互討論「要走不走」的定義，以便訓練如何和客戶解釋在「要走不走」的情況中，保險對他們有何意義。）

「要走不走」會讓家人為我們承擔一些事情，所以要預先作好準備。根據衛生署的統計，「要走不走」的狀況很多都是由重大疾病所引起，平均存活率大概是五年。萬一這種狀況發生在你身上，你最擔心的問題是什麼？是不是有可能無法工作？當你無法工作的時候，這些費用怎麼辦？在這五年當中，如果這樣的情況發生，你是否希望有別人來幫你承擔，還是全部由自己承擔？你擔心會有什麼樣的費用呢？假設你現在的收入為每個月五萬，一年六十萬，五年三百萬，你甘不甘願把自己辛辛苦苦存來的錢都花在這上面？

我們就是這樣與客戶討論互動，讓他們從中選擇自己想要的。

【請隨時確認以下事項】：

1. 銀行就像沒有枷鎖的保險箱，要用錢的時候隨時都可以領；保險則像有枷鎖的保險箱，時間到了才能開來用。
2. 理財的目的是讓自己過得舒服，投資的目的是賺更多錢，賺更多錢的目的是提升生活品質，提升生活品質的目的是讓日子過得舒服。因此，不管投資還是理財，我們都要提到最終的目的，而不是他的現象。

3. 人生最大的風險，就是不投資，不投資在你自己，在你的家人，在你的未來，在你的生活上，就會產生很大的風險。當你問投資最重要的是什麼，百分之百的客戶都會回答你，是「賺錢」。這時你要回答「不是」，投資最重要的是「不賠錢」。不賠錢，才能賺錢，這句話和你的資產配置是有關係的。

4. 生活中要花錢的機會很多，但是要把錢留下來的機會很少。問客戶也問自己，現在生活中，是花的錢多，還是留下的錢多？

5. 做好家庭的理財，目的並不是把財理好，而是有好日子過。請自問，要怎麼樣才能讓未來的日子過得舒服？現在的日子過得不好，不能讓一輩子都過得和現在一樣。假如你有這種想法，就要做到財務獨立自主。隨時都要知道錢花到哪裡去了，自己做了哪些事情，讓每一筆錢都是獨立的。從現在開始，你得為自己設立目標才行。

一般來說，我在為客戶說明時，通常會在一個月五萬的旁邊，劃出T型線，一邊代表由別人承擔，一邊代表由自己承擔。我並沒有說「別人」一定是保險公司，到目前為止，我都沒有講到「保險」這兩個字。第一年，由自己承擔六十萬，別人承擔二四〇萬；到了第三年，變成自己承擔一八〇萬，別人承擔一二〇萬；也就是說，如果你承擔〇，別人就承擔三百萬。這個時候，你可以問客戶要選擇哪一種？要讓自己承擔多少，別人承擔多少，或者自己不要承擔？（可以畫圖給客戶看，解釋他選擇每一種情況的時候，應該如何應對。）

等客戶選完了，再告訴他那選擇代表的意義是什麼，再去解釋、舉例。在這個過程中，我們會與客戶互動，客戶會有所選擇，保額就順利地訂出來了。先不要考慮客戶是否會被自己的保費嚇倒，這是他的事，是他自己的選擇。記住，重要的是，那是他要的，不是你所推銷的。推銷員在推銷的時候，往往會擔心客戶是不是付得出來，那是因為他們向來習慣單方面告訴客戶，單方面訂出一個數字，因此他們不敢說出太大的數字，怕把對方嚇跑。但是，如果是由互動產生的數字，是客戶自己決定的，銷售員只負責公佈答案而已，就不用擔心這麼多了。

關於意外險，最終目的就是把客戶引導到殘廢的考量。可以問客戶，如果意外殘廢，會擔心什麼？殘廢的定義，是身體外在的某一項功能損失或喪失。如果客戶買了意外險，我們就能以他所買的意外險，去解釋這份意外險夠不夠。如果你是第一個從這個點切入的人，就會得到客戶的尊敬。

「意外」包括：身故、死亡、殘廢和跌打損傷，這在上一單元已提過了。

醫療險也分成三種：一、醫療的實際支出（不需要考慮健保的支付額部分）。住院一定會花到錢，只是多少的問題而已。先下了這個定義，就不需要去額外解釋。二、住院期間的額外付出。比如請看護，或者是住院期間，工作上的損失。也就是說，額外支出的定義是：(a)、請看護；(b)、收入補償。如果客戶說不需要看護，就問他有沒有看病或探病的經驗，住院的人通常得住多久？無法確定自己住院時間的長短，是否也該作一個比較長遠的準備？若是住院時間恰好比較長的時候，是不是需要家人辭掉工作來照顧，那家人的薪水由誰來付？總之，一定要講到客戶自己也覺得需要為止。

至於看護如何準備，就要去定額度。看護費用有兩種選擇，一、請臺灣當地的看護，一天二十四小時的費用，大概介於二千元到二千五百元之間。二、請外勞的看護，包含三餐，平均一天一千塊。可問客戶想選那一種，決定之後，額度就可以訂下來。接著，就是如何調整成產品的問題了。

再來是醫藥費。可以告訴客戶：「健保有一個支付額，叫做部分負擔。接下來還有一些不是健保，但病人所希望得到的更好待遇，叫做病房升等。」我通常會口語化的告訴客戶，病房升等就是病房有電視、沙發、冰箱等，就是在醫療照顧上比較好。可以具體指出，某某地區的醫院，頭等病房的價位大致是多少？這個額度要講的很順，讓客戶自己去挑。如果他挑的是兩人一間的，我們就要以最高收費的醫院來定額度。因為看病的時候，都是在選醫生，而不是選醫院，如果我們理想的醫生在A醫院，我們就不會選B醫院。但是，不要讓醫院的選擇對我們未來的支出規劃，有不同的答案。所以，建議用收費最高的醫院來規劃，以後不管實際上到哪家醫院去治療，保費都是足夠的。

前面提到的額外支出，可用薪資收入的損失除以三十天來算，或者用家庭支出除以三十天（用看護費用來算也可以）。所以它也有三種選擇。在講第一種時，就不要去講第二種或第三種。

醫療險的第三種，就是癌症的安寧照顧費用。我會和客戶解釋，在選擇醫療險當中，基本上只要前面兩項。但是在臺灣的十大死因中，癌症永遠名列前茅，而且，它還會衍生許多相關費用，因此只靠前兩項，還是不夠的。此外，可以討論化學性和放射性治療如何界定的問題。

癌症的相關治療費用有：化學治療、安寧照護病房、營養補給品、標靶藥物治療費用等。可以讓客戶瞭解，除卻健保給付部分，究竟選擇全額負擔，還是部分負擔，對自己比較有利。

以打化學療法藥物為例，其副作用是會嘔吐。一般來說，打化學療法藥物後，其發生的副作用是一天會嘔吐幾十次。為了止吐，就有數種止吐藥劑可供病人選擇。若使用了健保的止吐劑後，嘔吐次數可以降低，如果想再舒服些，就需要自費，購買療效更佳的藥物。以這樣的標準來計算相關費用，自費購買的止吐劑，一天可能要耗費約數千元（每家醫院自費比例不同），再以平均一次化療的療程內計算，一次療程下來，癌症藥物就可能需要數萬元至數十萬元。可以試問客戶，這筆費用該怎麼負擔？這時客戶購買保險的動機，絕對會比原先強烈許多。

接下來，就是買多少額度的問題了。以癌症的安寧照護為例。癌症病房和一般病房相同，可是如果把止吐劑和營養針算進去，再加上病房費，這些多餘產生的費用就必須重新審慎評估住院長短。我會這樣解釋給客戶聽：我們不能只以一間醫院作住院照顧的判斷。因為在這個部分，健保採取的是部分給付的方式。當病人面臨這種境況時，很多時候是無法自己選擇醫院、選擇病房的，所以估算時，最好以單人病房的最高價格來核算。

經過這番解釋，客戶自然就會理解。因為我們之前已經把癌症的定義，它發生時會有什麼樣的治療方式，會花多少錢，以及單位數，能夠符合多少單位數的決定權，通通交到他手上了。

當業務員學會這些內容後，就算日後保險公司調整癌症保險的種類，或癌症種類有所變動，都不會影響到保費計算的方式。癌症治療的額度就是這麼訂的。與其只給客戶定下單位數，讓客戶有機會殺價，還不如說以一個單位計算來做例子比喻，客戶就會一目瞭然。相反地，貿然為客戶規劃數個癌症醫療險單位，客戶就會懷疑銷售員在坑他錢。沒有來龍去脈，客戶不清楚，銷售員也不清楚，額度就很難訂了。

根據我所談的333銷售心法，大家可以好好思考一下關於額度的問題。只要照我的方法做，不管客戶的保額怎麼訂，意外險怎麼訂，都是客戶自己的選擇，不用銷售員過度擔心。

三、實戰應用篇

333銷售心法實戰練習與步驟

前面談了很多333銷售心法的概念和實施方法，有了通盤的瞭解後，相信就可以更正確地掌握要領，達到創造高業績的目的。不過，我得強調，在研習這篇章節之前，各位一定要先想一想，自己的銷售問題到底出在哪裡？思考一番，再從根本上去調整。

我在保險銷售與組織發展上浸淫十幾年，平日便不斷觀察市場脈動，以便從客戶及業務員的對話中，找出符合客戶需求、提昇業務人員素質與技巧的方法。擔任訓練講師十幾年來，我的課程講授接近數百場，總是以提升業務員的訓練方法、創造個人業績為目標。大約在十五年前，我將多年投入銷售技巧的心得作一番整理，發展出一套「333銷售心法」的理論與實務技巧。經過多年來不斷的修正與實務驗證，我培育出數位MDRT（Million Dollar Round Table）會員，組織產能也由每個月八萬FYC提升到二十六萬，組織裡有三分之二以上的成員收入達百萬以上，其中又有百分之八十創造出二百萬以上的收入，定著率（直轄）達成率也有九成。

這一連串的銷售佳績與成效，在在證明此套融合「一次成交」、「需求銷售」、「情境銷售」等三大銷售技巧的「333銷售心法」成效卓著。更重要的是，「讓客戶聽得懂、業務員講得明白」的障礙為之消除。因此，不僅有效提升業務員的專業形象外，更讓客戶與業務員之間的互動頻率增加，「銷售」不再是業務員的恐懼、主管的無奈。

「333銷售心法」可以解決「需求銷售」的進入障礙，讓新手馬上上路，成為主管訓練的教材，亦能輔助銷售技巧的不足，實在是銷售經驗傳承的一大法寶！而且，想入門，不需要高深的專業知識及難懂的銷售技法，只需幾張空白紙和一支筆，甚至可取代建議書的說明。總之，只要好好運用它，就可有效解決利率持續下降、保費增加等無保單可賣的窘境了！

333銷售心法概要

─「一次成交」、「需求銷售」、「情境銷售」

三大實施重點

1. 銷售循環的重要性──商品銷售 *vs* 需求銷售（主動權是在業務員還是客戶手中）
2. 輔助解決NBS（Need Basic Selling）需求導向銷售流程的銷售困擾（因為進入門檻不易）
3. 實作與演練並行

銷售流程的重要：請注意，銷售是業務員的核心能力

1. 掌握銷售的節奏
2. 業務員溝通的語言
3. 客戶與業務員彼此認識的過程

謹守銷售的「四不一沒有」

「四不」爲：

不急著做銷售的態度；不推銷保險的好處，而是看客戶需要什麼幫助；不做推銷流程以外的事；不滔滔不絕地說明，而要運用觀察、聆聽、發問三部曲。

「一沒有」爲：

沒有推薦就沒有成功的機會。

銷售重點

1. 抓住議題，主導議題
2. 引發客戶感受，不是激發客戶意願
3. 讓客戶自然產生需求的必要性

需求導向銷售的前身，「333銷售心法」的好處

1. 準確提供符合準客戶需求的解決方案
2. 避免錯估狀況而徒勞無功

3. 減少拒絕與產品比較

4. 建立專業形象，並為下一次銷售鋪路

「銷售面談的過程：困擾↓信任↓成交↓放鬆」

約訪前的準備

「八不曲」：

不預設立場的議題、不處理客戶的問題、不做假設性建議、不做任何保險上的說明、不急著賣保險、不進行任何批評與攻擊、不要不準備訪前規劃、不要帶嘴巴，要帶耳朵。

接觸的目的：

1. 提出「發現問題」的續談機會
2. 確認客戶有足夠的時間

電話邀約：

主要目的是約到計畫中的拜訪對象，要學的是吸引人的「勾子話術」。

電話約訪的步驟：

1. 爭取通話的同意
2. 解釋目的
3. 嘗試約定時間
4. 拒絕處理

5. 結束約訪

約訪遭拒絕時的處理：

1. 展現諒解的態度
2. 歸納出反對意見
3. 保持沉默、仔細聆聽
4. 運用「為什麼」問句
5. 運用「正是……」答句

「約訪四階段：擬定接近計畫↓信函連絡↓確定面談↓接觸」

重點：務必讓客戶見你。請記住，問題不在於客戶有沒有時間，而是他想不想、有沒有必要見你。只要能夠讓客戶感覺到，你能帶給他榮耀、資訊、資源，狀況許可時，客戶一定會與你見面。而若你一直都能提供利益、幫助、愉快（讓他感覺切身利害或迫切需要），客戶就非見你不可了。

遭拒絕時的話術範例

「目前不需要」、「我很忙，沒時間」、「我有朋友在做保險」、「沒錢」、「先把資料寄來，看過以後再說」等，是客戶最常使用的拒絕理由，想想看，遇到時該怎麼做？

範例一：請問您是否買過保險？

■ **回答：『有』**

• 請問您現在對保險的看法？
• 請問您當時的額度怎麼決定？
• 請問您未來對保險的看法？
• 請問您目前還有什麼風險沒有處理到？

■**回答：『沒有』**

- 請問您過去有不好的經驗嗎？
- 請問您認為花錢解決風險有無必要？

範例二：請問您對財務上的危險有什麼看法？在您過去的經驗裡，保險是不是可以提供安全、穩定的理財工具之一？您知道保險怎麼買嗎？

回答：請記得「方向即策略」，直接切入保險、投資理財的角度，與工作是否穩定、對收入的滿意度、財務安全規劃、生活型態、風險意識等等，都是值得思考、回應的最好方式。

了解需求的重要

請注意兩大重點：因為需要，所以客戶要買；因為了解客戶需要，所以我要賣。

當客戶表示願意與我們面談時，態度只是「談談看」而已。因為客戶並不知道，我們能提供服務的項目和價值在哪裡？所以，我們首先要能夠與客戶建立起良好關係。等充分了解客戶的需求之後，才能掌握客戶的想法和狀況，為他們提供適當的財務規劃方案，進而取得客戶的認同，順利成交。所以「了解需求」等於是整個銷售流程的樞紐。

客戶不在乎你知道多少，只在乎你關心他多少。「了解需求」的溝通層次——分為寒暄層次、理性層次、感性層次。

了解需求的五大目標

1. 獲得事實——完整及深入地詢問客戶的背景資料
2. 獲得感受——探索準客戶對生活及未來的感受
3. 了解需要——找出準客戶的保險需求
4. 保費預算——從客戶的生活階段需求和經濟能力來討論額度
5. 介紹客戶——開口要求

了解需求的步驟

1. 建立良好的關係
2. 發掘需求
3. 了解目前狀況
4. 確認目標並決定優先順序

5. 提出建議的解決方案

6. 預約下一次的面談時間

了解需求的技巧

1. 如何建立良好關係——運用「配合法」拉近距離、給予準客戶良好的印象

2. 發問的技巧——封閉式問句、開放式問句

3

收集事實，感受目的

不操縱客戶的答案、讓客戶自己認知到隱性的需求、發展整體的財務目標、問題與資訊的結構化。

問句設計

請運用結構性提問技巧，先組織包括家庭、生活、工作等三大規劃的提問原則，並依照提問歸納問句交叉運用，且從要求轉介、到問題提問做結構性分析。除此之外，請準備一張紙，寫上生活、過去、恐懼、責任、工作、現在、擔心、負擔、家庭、未來、害怕、結果等人生各個階段中最擔心的問題，用反問技巧連連看，問自己「能幫上什麼忙？」

試著練習寫句型，主要是「引起興趣」的基本話術：「有沒有一些生活上的難題是你一直擔心的？」、「有沒有一直放在心裡想解決又沒有能力處理的事？」、「有沒有任何想法是您關心而平常會忽略的事情？」、「還有嗎？為什麼？」

請花一點時間和客戶作討論。

此外，記得製作訪談規劃表的說明與記錄，內容包括現有的理財方式為何？對此需求，目前有何準備，與目標距離多大？是否有偏好的解決方式？原因為何？願意提撥多少成本來解決此項需求？認為何時來面對它最為適當？現有的保險規劃為何？

訪談規劃表

◎填入目前已知的客戶背景資料／找出銷售機會點／決策的行為模式

＊

◎取得客戶同意並提問／確認問題／觀念溝通／建立信任／的開場白

＊

◎想瞭解客戶現況時，要如何問？

＊

◎是否有想實現的規劃及煩心的問題？

＊

◎對此需求，預計何時來面對最為適當？

＊

◎現有的生活目標為何？對未來生活計劃方面的需求有何準備，與目標距離多遠？

＊

◎對於此項需求是否有偏好的解決方式及原因？

＊

◎願意提撥多少生活費用來解決此項難題？

＊

◎是否有重要的諮詢人士？

＊

◎目前有無同業競爭？

＊

實際演練333銷售心法

需要物品：白紙和筆、費率表

引導話術

1. 您知不知道要怎麼買保險才保險？（或參閱本書第96頁——反問技巧連連看技法）
2. 根據您過去的經驗，保險是業務員設計的，還是您自己設計的？
3. 您知道意外險或防癌險怎麼買嗎？

4. 在您過去的經驗裡，保險是可以提供安全、穩定的理財工具之一嗎？

5. 保險＝壽險＋意外險＋醫療險：壽險就是發生三種狀況（走得太早？要走不走？活得很久？）時，給自己或家人的一筆錢，你最擔心的是哪種狀況？另列出意外險及醫療險的費率和比較表，讓客戶自己選擇。

白紙數張：以下舉例圖示說明大要

保險＝壽險＋意外險＋醫療險

壽險＝活的很久
走的太早
要走不走

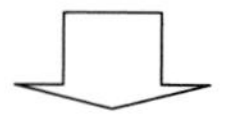

意外險＝身故＋殘廢＋鐵打損傷

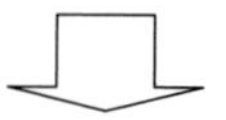

醫療險＝住院照顧與收入補貼＋住院升等
＋癌症安寧醫療

項目

壽　險＝……………………

意外險＝……………………

醫療險＝……………………

總　計＝……………………

注意事項

1. 把客戶的想法寫下來，並和他討論額度。
2. 額度由客戶自訂，而不是由業務員主導。
3. 讓客戶知道風險是由自己和保險公司共同承擔、由客戶自己承擔，還是全部交由保險公司承擔。
4. 把與客戶互動的過程作一個歸納，讓客戶很清楚在溝通的過程中，所討論的結果都是他要的、他擔心的。
5. 打開費率表，把每一筆的費率填上。
6. 若客戶覺得太貴或超出預算，請用刪除法一項項地詢問客戶最終想要的方案。
7. 最後詢問客戶，用這樣的方式來買保險，是不是他所要的。

個案一：緣故客戶介紹

A君是你一位已成交客戶介紹的。那位客戶是上班族，A君是他的朋友，也在公司上班，目前三十五歲，已婚，有一個孩子，夫妻都在工作，和父母同住，因為聽朋友提起，想多了解保險。

現在你要作第一次的拜訪，請解決以下的問題：

(1) 目前遇到同業的競爭。

(2) 有預算上的限制。

請注意：1. 運用333銷售心法的技巧，勿用商品銷售。

2. 運用遞增介紹法來轉介客戶。

個案二：緣故客戶再開發

B君是你已成交的客戶，已經買了二年保險，當初是因為朋友介紹，基於信任你而購買。目前你覺得他保額不夠，而且已有保險觀念，想要進一步說服他，再把保單好好整理一番，此時，你已約好時間，你該如何開口提出你的想法呢？

現在你要作第一次拜訪，請解決以下問題：

(1) 如何提出加保的想法

(2) 如何解說保額夠不夠的問題

個案三：儲蓄及退休觀念的運用

E君是你以前的同事，自從你進入保險公司之後，仍一直保持聯絡，但是你知道她始終存不了錢，你想找個機會告訴她儲蓄的觀念。

現在你和她約好時間，請注意以下的問題：

(1) 如何讓她由目前沒錢的狀況開始存錢

(2) 商品險種自定

以下進行分組練習。首先，我根據我們在工作上常碰到的狀況，把它分成以下八種類型，你可以在綜合分析「反問技巧連連看」和「訪談紀錄表」後，依據需求銷售的四大步驟，依序來進行以下的話術練習。

分組練習話術：

分組練習話術之概要與方法

主題＼問題種類	外在性問題提問	進一步探尋問題	困擾與需求性問題	解決方案提供
父母孝養金				
教育費用				
生活費用				
退休費用				
醫療費用				
最後費用				
房貸費用				
遺產稅準備				

主題一——父母孝養金

【外在性問題提問】

☆請問您今年幾歲?還在工作嗎?
☆您目前住在家裡?還是住外面?
☆您有幾個兄弟姐妹?他們各自成家立業了嗎?

【進一步探尋問題】

☆您目前有沒有固定拿錢回家給爸媽，作為生活費用或零用金?若有，大約一年多少錢?
☆其他兄弟姊妹是否跟您一樣把錢拿回家?金額和您一樣嗎?

✰伯父伯母甚麼時候會退休？退休金會有多少？這些錢能否讓他們有一個舒適又安心的老年生活？

✰父母老年生活費不夠時，會由誰來提供呢？您的負擔會不會增加更多？

【困擾與需求性問題】

✰如果有什麼萬一，您無法再給父母這筆孝養金，有誰能為他們解決生活問題？即使兄弟姐妹能照顧，他們也有自己的家庭，父母真能被照顧好嗎？

✰父母過去幾十年花了很多心血在您身上，把您教育成為有成就的人才，儘管父母不需要您的回報，您會不會替父母準備一筆足夠的生活費，讓他們老年生活無憂無慮，作為對父母的報答？

✰最大父母恩，最令父母難過的，則莫過於白人髮送黑髮人，萬一不幸遇到這種情況，你想事先替父母做些什麼？

【解決方案提供】

☆給父母一個愉快的晚年並不難，您有興趣進一步了解嗎？

主題二——教育費用

【外在性問題提問】

☆請問您有幾個小孩？叫什麼名字？今年幾歲？

☆他們目前就讀什麼學校？幾年級？

☆他們有沒有上才藝班？

☆目前一年的教育費用大概多少？

【進一步探尋問題】

☆您期望小孩念到多高的學歷？

☆您期望他們將來做什麼樣的工作？

☆以您對小孩的教育規劃，總共要花多少錢？

☆這方面的費用，您現在已準備了多少？它們夠用嗎？

【困擾與需求性問題】

☆如果有什麼萬一，有誰能替您完成小孩的教育規劃？

☆您的另一半工作的薪水，除了支付生活費用和房貸，還有能力負擔教育費用嗎？

☆您的父母年事已高，能幫您照顧子女到長大嗎？

☆您的兄弟也有小孩，家庭負擔也不輕，能幫您照顧小孩到如您所願的地步嗎？

☆半工半讀的學生，工作和唸書都非常辛苦，您忍心讓自己的子女過非正常孩子的日子嗎？

【解決方案提供】

✰只要事先準備，就可以讓最關愛的家人不會輸在起跑點上，甚至出人頭地。您願意了解怎麼安排嗎？

主題三——生活費用

【外在性問題提問】

✰請問您目前家裡每個月的生活開銷是多少？

✰您的另一半有工作嗎？生活費是由誰來負擔？

✰您現在手頭上有多少存款？

✰您的父母／岳父母年紀多大？

✰您們結婚多久了？

✰您有多少保險？

✰您現在是單身嗎？

【進一步探尋問題】

✰假設每個月生活費三萬元，一年就要三十六萬元，等於未來四十年總共要花費一千四百四十萬元，您的另一半的收入能支付嗎？即使沒問題，其他諸如教育費和房貸，是否也能負擔？

✰當初存款的用途是什麼？

✰父母／岳父母的家人能幫您一輩子嗎？

✰當初結婚時，您是否曾承諾要照顧另一半一輩子？亦即不論在任何情況下都會持續不中斷？

☆您現在的保險是幾年前買的？是針對生活費而規劃的嗎？它可以提供足以維持家用的費用而不匱乏嗎？

☆單身的人其實不擔心家人的生活費用，而是擔心自己萬一發生「要走不走」的情況，會把問題留給心愛的家人。您有這層顧慮嗎？

【困擾與需求性問題】

☆失去配偶的依靠，自己單獨支撐家庭、照顧家人，可說是心力交瘁，還必須為了生活而打拚，您忍心嗎？

☆如果已為子女準備教育基金，卻為了生活，不得不挪做它用，您會不會對孩子感到抱歉和難過？

☆如果為了生活，必須向親戚朋友借錢，您願意讓親愛的家人忍受那種難堪的臉色嗎？

【解決方案提供】

✰您是否希望經過財務安全規劃後，家人的生活與未來都沒有後顧之憂，一切都在自己的掌握中，這樣的想法您贊成嗎？

主題四——退休費用

【外在性問題提問】

✰請問您今年幾歲？

✰父母還在工作嗎？他們幾歲退休？退休後有沒有退休金？

✰公司有沒有明確的退休制度？您退休的時候會有多少？

✰您現在已經有退休準備金了嗎？用什麼工具準備？金額大概是多少？

【進一步探尋問題】

☆ 您準備幾歲退休？希望退休後過什麼樣的生活？您認為每個月需要多少？

☆ 假設從五十五歲退休至八十五歲的三十年間，每個月生活費是四萬元，共需要一千四百四十萬，這筆錢您要怎麼準備？有信心可以存下來嗎？

☆ 老人家除了經濟問題外，還有心理、健康與醫療的需求，您想過未來的自己嗎？

☆ 如果您目前單身，將來退休時也是孤家寡人，誰會來照顧您的生活？

【困擾與需求性問題】

☆ 很多人可以從老一輩身上看到自己未來的縮影，所以希望自己老年時能活得有尊嚴。如果沒有多少準備，您也會為自己的未來擔心吧？

☆ 我們努力工作，是為了在退休的時候有足夠的老本，但萬一不夠，這時誰能幫我們的忙呢？

【解決方案提供】

✰為了給自己一個富裕的退休生活，您願不願意進一步作您的退休計劃？

主題五——醫療費用

【外在性問題提問】

✰請問您是否有探病的經驗？

✰請問您有沒有看過長期住院或臥病在床的情形？

✰請問您家族中有沒有人得癌症或罹患其他重大疾病？

✰請問您對全民健保的醫療照顧有什麼看法？

【進一步探尋問題】

✰如果您生病住院，最擔心的事是什麼？當初家人（親友）住院是得了什麼病？住院多久？有沒有動手術？大概的花費是多少？自己負擔多少？您所看到的長期住院（臥病）病人，他們的家人除了負擔醫療費用外，有額外請看護嗎？花了多少錢？生活上是否也受到很大的影響？

✰您有家人（親友）得癌症或重大疾病嗎？前後治療多久？除了醫院治療外，家人是否為他們不計成本地購買珍貴藥材，或到中國尋訪名醫治療？大概的花費多少？復健花費多少？

【困擾與需求性問題】

✰在台灣，醫院通常人滿為患，健保病床雖然有六五％，實際上總是一床難求，您會不會擔心自己跟家人因此耽誤就醫時機？或者跟別人同住四人病房，得忍受吵雜的環境？

✰家中有人住院，勢必需要看顧，倘若父母生病住院，您必須請假到醫院照顧嗎？能請多久？工作考試會不會受影響？相反地，若您住院，又是誰來照顧您呢？他們怎麼辦？

✰住院的費用，除了病房費，還有醫療費、手術費，有些是健保不支付的，同時也有很多雜費開銷，往往會耗掉一大筆積蓄，您會不會捨不得？

【解決方案提供】

✰為了減少自己和家人在醫療方面的開銷，您是否有興趣做進一步的了解，看看如何作好自己和家人的保障呢？

【外在性問題提問】

☆對於身後的事，一般人多半不太積極思考，請問您個人的看法如何？
☆您有家人過世的經驗嗎？是誰？是多久以前的事？
☆您目前有跟會嗎？有銀行消費貸款嗎？有未清償的信用卡帳單或向別人借錢嗎？
☆您是否已經準備好自己的墓地，或找到風水不錯的靈骨塔呢？

【進一步探尋問題】

☆若您有親友過世的經驗，請問當時他是生病還是意外事故？在醫院治療多久？總共花了多少錢？

✰這位親友大概花了多少喪葬費用？對家人的生活有沒有造成額外負擔？

✰常見到家人生病時，全家傾盡全力救治的情形，因此造成一筆可觀的醫療費用，借錢也在所不惜，您是否有相同想法？

✰若您目前尚有銀行借款，還有多少要還？什麼時候必須還清？

【困擾與需求性問題】

✰很多人以為後事不難處理，有積蓄可以應付，但好不容易才存到這些錢，您會捨不得這樣花掉它嗎？

✰雖說勞保有一些喪葬補助費，但家人從此不再拿得到我們的收入，能留下一點錢幫助他們，您是否願意呢？

✰欠債總是要還清，不是我們還就是我們的父母或家人還，我們走後還留給他們這種困擾，對他們是否太不公平？

【解決方案提供】

☆讓家人在傷痛之餘，不必為這些費用操心，您是否願意思考一下如何準備？

主題七——房貸費用

【外在性問題提問】

☆請問您目前住在那裡？住多久了？

☆它的格局是幾坪？有幾個房間？

☆它是用買的還是用租的？

☆您付了多少自備款？貸款要還多少？分幾年償還？

【進一步探尋問題】

☆您當初為什麼買這個房子，為什麼挑這個地點？

☆當初您有特別請設計師為您裝潢嗎？大約花了多少，才把它佈置成您理想的家呢？

☆能擁有一個屬於自己的家，真是了不起，您覺得如何呢？

☆老婆小孩在這裏住得開心嗎？他們對您是否十分感激？

【困擾與需求性問題】

☆如果有什麼萬一，少了您的收入，房貸付不出來，太太和小孩要怎麼辦？

☆太太的收入要支付生活費、教育費、房貸，她能應付嗎？

☆您努力了好幾年，才換來一個溫暖的家，就這樣把它賣掉了，您捨得嗎？

☆賣掉房子後，小孩也必須搬離目前的學校，會失去他們熟悉的環境、鄰居、朋友，您忍心嗎？

✰租房子難，找到好房東更難。為了省房租，太太小孩可能要住在更遠的地方，每天為生活奔波，身為父親，看到這個景象，您會有何感想？

【解決方案提供】

✰給家人一個安全又溫暖的窩，是一個父親最大的心願。您是否有興趣想更進一步了解呢？

【外在性問題提問】

✰請問您父母或自己名下，擁有多少股票、土地、房屋、現金或其他資金？

✰家族中是否有人為了繼承財產，而有繳納遺產稅的經驗？什麼時候？繳了多少稅？

✰您有每年固定贈與孩子財產嗎？大概一年多少？是現金還是財產贈與？

✰您有先立好遺囑嗎？

【進一步探尋問題】

✰目前您名下的財產，在您年老後，價值會增加數倍，您是否了解將來財產增值的部分，大部分會被政府課稅拿走，只有少部份才會留給子孫？

✰ 若您已經開始贈與小孩資金，到目前為止，已經累積多少價值了？預定多久才會把財產贈與完畢？

✰ 您知道保險是很好的避稅工具嗎？

【困擾與需求性問題】

✰ 您一生辛苦打拚，目的無非是為子孫留下一筆資金。但若沒有及時準備，死亡可能令人措手不及，您不會遺憾終生嗎？

✰ 您的資產隨著時間增加，幾十年後，價值會大不相同。跟您有相同狀況的人，多半有進行資產規劃，您是否也覺得有必要呢？

【解決方案提供】

✩為了解您這方面的問題，我們想和您做更深入的討論，請問您有興趣嗎？

以上各點均可單獨演練，並多方的推敲出你可以發展出的話術，但請注意的是，多用心理層次的問題來詢問客戶較妥當。

5 心法之運用在同理心

我常常用阿嬤存錢的例子來看我們現代人的金錢觀，有時候我會想，阿嬤理財比我們好還是我們比阿嬤高明？小的時候我們常聽到的故事是說，阿嬤為了把錢存起來會放在罈子裡，然後埋在自家後院的土裡，為的是怕錢被小偷偷走了！現在聰明的資訊告訴我們，那是多麼愚蠢的事！

利息呢？投資報酬率呢？不都是我們要致富的理論和手段嗎？但是你知道嗎？所有的理論都比不上人性的懶惰、貪婪，因為聰明的我們有提款卡、提款簿、對帳單，甚至每天的金融資訊告訴我們誰賺了多少錢？消費資訊告訴我們哪裡又有打折品？我常常問我的學生，如果你們賺了錢下個動作是什麼？異口同聲的說：「花錢」！重點不在於你賺了多少？而是花了多少、存了多少的問題。

過去我有好些客戶都是留美的博士，在科技公司當主管，但是他們都有個共同的想法，就是把自己上市公司的股票賣掉，去買未上市公司的股票和投資許多不同的產業包括房地產，不見得虧損但是經過多年來的征戰，也不見得賺了些什麼資產！我以阿嬤的故事和他們溝通，或許她沒唸過什麼書？但是她只記得一件事，「把錢留在身邊都是好事」。我們的工作是提醒而不是建議，提醒客戶知道他所知道的事，提醒客戶別人曾經犯的錯，提醒客戶他不知道的事。

保險業務員常常會覺得自己是多重身份的化身，理財顧問、稅法專家、法律專家、投資達人等等，殊不知在客戶的心理底層會認為，投資理財會請教投資顧問、稅法會請教會計師、法律問題會請教律師，試想，保險業務員在客戶心中的價值是什麼？所以，不能忽視了我們的基本能力「保險的專家角色」，但是，保險不單是商品，而是具有關懷指標意義的工作，因為它主要的工作範圍應該是界定在協助客戶認識恐懼、擔心、害怕下的自主關心和準備！

因為心底很深層的恐懼，對於這類未來無法掌握的事情會產生排斥，相對的，銀行或投資機構所給予的條件是存錢、給予利息和逐利的夢都大過於危機恐懼的體認，好比說，你明知道客戶的心理層面已經築起好幾道的馬其諾防線，你還會想用古時候士兵扛起大木樁死命的撞擊城門的戲碼嗎？不能用箭去射入城池或是不戰而屈人之兵的方法讓客戶自醒嗎？

心法是用同理心來解決客戶的抗拒和瞭解客戶的感受，最主要的就是站在對方立場想事情，或許每位保險業務員都清楚這道理，但是這樣的方法在日常銷售工作中並不容易，因為這麼做不是被對方的議題主導性帶領，就是業務員想把自己知道的或是想說的，一古腦兒的帶入談話的時間裡，要不然就是心理一直想著要「成交」這件事。所以碰到客戶理性或是不理性的拒絕，往往都是想要用許多的技巧來說服客戶，我在這行業二十年的時間，當然了解業務員的辛苦也了解客戶為什麼會拒絕！還有一件事情就是，現在的銷售環境中存在一個很奇怪的現象，那就是常把「需求」掛在嘴邊，客戶說要根據需求來購買，但往往又不知道什麼是內在需求，而又覺得外在需求是真正的需求。

什麼是「內在需求」？說穿了，就是恐懼與害怕所產生不確定因素，所產生內心的需要滿足。這樣的因素往往可能不自覺或是會遺忘在心理層面，解決的方法就是「喚醒」，這樣喚醒的方法不是用恐嚇的方式來讓客戶察覺，而是用比喻或是讓其自身深刻想起記憶面的方式來引導。舉個例子來說，客戶子女出生時，客戶第一個直覺是幫小孩買保險，而所持「外在需求」的觀念就是應該要給子女最好的保障，甚至父母不買保險沒關係。乍看之下好像這個理由沒什麼問題，但仔細去想，父母幫小孩買「最好」的，這個保險觀念其實是有問題。理由是，「內在需求」是喚醒保險的意義和功能，強調對受益人減輕經濟上的負擔。也就是說最好的保險是父母為小孩的未來做些什麼準備，而不是「外在需求」所聲稱父母應該幫子女買很多的保險，「難道是因為父母可以拿保險金嗎？」相對的，當小孩出生時，父母對子女照顧的心理壓力加重，更希望若未來自己發生什麼狀況，能為孩子先準備好未來的教育和生活費用。不論是保險業務員或是理專等等從業人員，是不是都應該去思考這樣的問題並與客戶溝通呢？

「333銷售心法」可以分為意義和實質層面提供大家探討，在意義上，333指的是掌握銷售心理的三要件，傾聽、喚醒、關注。實質上，保險是由壽險、意外險、醫療險三種保險所構成，而每一種保險又分成三種類型所構成，這段在前幾章節已做說明，這也是許多保險從業人員和銀行理財專員知道怎麼做卻做不到的觀念，我也了解到，在業績壓力下似乎對我的理論會有形而上的感覺，無法馬上對成績有立即的表現。但若有這樣的想法就犯了行銷管理學上的「行銷短視症」，事實上，我只是對業務員和顧客本身做分析，以分析出銷售和被銷售真正的本質。若沒有領悟，花了再多的學費學習銷售技巧，終將徒勞無功。

希望各位對本書所傳達的想法能有所認識和理解。其實許多銷售方法是沒有技巧，但卻存在道理的，就像本書一再提到的，銷售只是要讓業務員說得清楚、客戶聽得明白而已。最後，希冀本書的出版對保險從業人員等銷售人員有所幫助，並盼各界先進能不吝賜教。

業務員最恐懼的事——不是不會談，而是行事曆是空的！

Solitude
孤獨

安東尼．史脫爾 Anthony Storr 著
張嚶嚶 譯

人往往忽視了
心底的感受與需要，
唯有「孤獨」
能夠讓我們真正碰觸到
內在世界

人要學習孤獨，享受孤獨，
走過荒漠就是孤獨之旅，是為了尋找下一個綠洲。

社會上普遍認爲，一個喜歡獨處、不喜歡與人群接觸的人，可能有某種精神上的缺陷；而心理治療師，也會把獨處的能力列入評斷情感是否成熟的參考。

安東尼．史脫爾教授對此提出了一個新的觀點，他認人際關係不應該是達成幸福的唯一途徑。事實上，「孤獨」，也就是獨處，也能爲我們帶來人生的成就與幸福。書中從專業角度來分析孤獨，以古今名人——作家、哲學家、音樂家、宗教聖人——爲例，說明孤獨並不像傳統觀念鼓吹的那麼消極有害，在許多狀況下，反而對人積極有益。

THE PROBIOTIC SOLUTION

益生菌
是最好的藥

馬克・布魯奈克博士 Dr. Mark A. Brudnak 著
王麗 譯

ISBN 978-986-86458-0-6
25K / 232頁 / 250元

**一場善、惡二個世界的戰爭：
這場健康的戰爭，誰會是贏家？
如何讓益生菌成為你的盟友，
讓你充滿能量、活力與生機！**

戰勝疾病，發現益生菌最驚人的力量

**打擊癌症，降低冠狀動脈心臟病發病機率，有效減輕體重，
舒緩自閉症，根治酵母菌感染，減輕大腸躁鬱症的症狀，
糖尿病、失智症與唐氏症病患及家屬的新希望……**

常言「病從口入」。在《益生菌是最好的藥》中，馬克・布魯奈克博士提出更大的真理：「疾病源於體內失調。」不論癌症、心臟病、糖尿病或肥胖...等原因而造成的失衡、健康受損，我們正不斷受到大批毒素、細菌和病毒的威脅攻擊，我們選擇錯誤的飲食，就要自己承擔後果。《益生菌是最好的藥》告訴你如何反擊。就像是消防隊員以火攻火，你也可以用好菌來對抗壞菌。好菌就是益生菌，自然地存在人體裡。益生菌是你的朋友、你的武器、你健康的關鍵，對破壞你健康的那些毀滅性力量造成制衡。

銷售技巧突破課程二：333銷售心法

333銷售心法，不說複雜的行銷技巧，告訴你銷售要從「讓客戶聽得懂、業務員講得明白」開始，提升業務員專業形象，增加與客戶良好互動。「333銷售法」為講師結合多年銷售經驗，系統化整理後最新著作，可讓新手馬上上路，是最佳主管訓練教材，更是銷售經驗法寶！

課程安排

課 程	時間	費 用
·需求銷售技巧 ·一次Close銷售技巧 ·情境銷售	7hr	·每人3000元 ·20人以上團報，每人2500元

講師介紹：李品睿

實務經驗豐富：

- 曾任ING安泰人壽資深經理、紐約人壽業務支援部資深經理
- 單位生產力與繼續率連續8年達公司年度前3名，2005年擔任紐約人壽業務支援部主管期間創下100位MDRT歷史記錄

講課經驗豐富：

- 現任致理技術學院行銷與流通系兼任講師、曾任中國生產力中心講師、擔任經理期間負責教育訓練
- 演講及授課累計超過500場

受訪紀錄：

- 1996年10月份(喬治亞風雲人物專訪)、1998年11月30日(經濟日報)、2000年 4 月號(Smart雜誌)

銷售技巧突破課程一：基礎課程

不知道客戶在哪裡？不太了解提問技巧的結構性問題？

對財務分析的現金流量苦無對策？客戶服務的成本墊高，但實際成交業績不明顯？

課程安排

課 程	時間	費 用
主顧開發原理、原則與技巧	3hr	・每人3000元 ・20人以上團報，每人2500元 ・免費輔導2次，每次1.5hr
接觸拜訪與續訪應注意事項及技巧	3hr	
財務規劃分析	3hr	
客戶關係的維持與再開發技巧	3hr	

優 惠 券

NT$ 500

333銷售心法

凡購買《333銷售心法》一本，即可獲贈課程優惠券一張。本優惠券適用於李品睿講師所教授的「銷售技巧突破課程一：基礎課程」以及「銷售技巧突破課程二：333銷售心法」課程。每人限用一張。有關課程資訊請電洽0920-705168詢問。

國家圖書館出版品預行編目資料

333 銷售心法／李品睿（韋昌）著. -- 一版.
-- 臺北市：八正文化, 2011.02
面；　　公分

ISBN 978-986-86458-5-1（平裝）

1. 銷售

496.5　　　　　　　　100000512

333 銷售心法

定價：280

作　　者　李品睿（韋昌）
封面設計　蔡卓錦
版　　次　2011年2月一版一刷
發 行 人　陳昭川
出 版 社　八正文化有限公司
108台北市萬大路27號2樓
TEL/ (02) 2336-1496
FAX/ (02) 2336-1493
登 記 證　北市商一字第09500756號
總 經 銷　創智文化有限公司
236台北縣土城市忠承路89號6樓
TEL/ (02) 2268-3489
FAX/ (02) 2269-6560

歡迎進入～
八正文化　網站：**http://www.oct-a.com.tw**
八正文化部落格：**http://octa1113.pixnet.net/blog**